命令列、編輯器、Git/GitHub

軟體開發三本柱，一次搞定！

寫程式前的必學工具

感謝您購買旗標書，
記得到旗標網站
www.flag.com.tw
更多的加值內容等著您…

● FB 官方粉絲專頁：旗標知識講堂

● 旗標「線上購買」專區：您不用出門就可選購旗標書！

● 如您對本書內容有不明瞭或建議改進之處，請連上
旗標網站，點選首頁的 聯絡我們 專區。

若需線上即時詢問問題，可點選旗標官方粉絲專頁
留言詢問，小編客服隨時待命，盡速回覆。

若是寄信聯絡旗標客服 emaill，我們收到您的訊息
後，將由專業客服人員為您解答。

我們所提供的售後服務範圍僅限於書籍本身或內
容表達不清楚的地方，至於軟硬體的問題，請直接
連絡廠商。

| 學生團體 | 訂購專線：(02)2396-3257 轉 362 |
| | 傳真專線：(02)2321-2545 |

經銷商	服務專線：(02)2396-3257 轉 331
	將派專人拜訪
	傳真專線：(02)2321-2545

國家圖書館出版品預行編目資料

寫程式前的必學工具：命令列、編輯器、Git/GitHub, 軟
體開發三本柱一次搞定/Michael Hartl 著. -- 初版. -- 臺北
市：旗標科技股份有限公司, 2024.04   面； 公分

譯自：Learn enough developer tools to be dangerous：
command line, text editor, and Git version control essentials.

ISBN 978-986-312-789-5(平裝)

1.CST: 軟體研發   2.CST: 電腦程式設計

312.2   113003646

作　　者／Michael Hartl
編　　譯／施威銘研究室
翻譯著作人／旗標科技股份有限公司
發 行 所／旗標科技股份有限公司
　　　　　台北市杭州南路一段15-1號19樓
電　　話／(02)2396-3257(代表號)
傳　　真／(02)2321-2545
劃撥帳號／1332727-9
帳　　戶／旗標科技股份有限公司
監　　督／陳彥發
執行企劃／王菀柔
執行編輯／王菀柔
美術編輯／林美麗
封面設計／林美麗、葉昀錡
校　　對／王菀柔

新台幣售價：490 元
西元 2024 年 4 月 初版
行政院新聞局核准登記-局版台業字第 4512 號
ISBN　978-986-312-789-5

前言

本書的目的是在介紹現代軟體開發中的三種核心工具：Unix 命令列、文字編輯器和 Git 版本控制。這些工具在 IT 開發領域十分常見，不過卻很少有人從零開始，好好將它們怎麼操作說清楚，往往都假設讀者已經會了，實際上卻不是這樣，程式設計課哪裡會教這些東西。

本書的目標就是想填補這個空白，我們會假設你是一張白紙，只需要基本的電腦操作能力，就可以學會這些工具。不論你是需要與老手協同開發還是想自己成為開發者，這本書中的技能都完全適用，可有效提升你的工作能力，未來想跳槽或轉換跑道，甚至在外面接案、自己創業，也都會很有幫助。

本書涵蓋 3 個主題，每個主題都足以寫成一大本書，但對於新手來說，實在沒有必要一開始就來個徹底研究，很多細節目前多半看不懂，其實未來可能壓根用不到。因此，本書將只聚焦於各項技術最重要的面向，這系列遵循一個理念：**入門不需掌握所有細節，只要剛好夠用就很犀利了。**

除了教你各種工具的使用方式之外，也就是硬實力，包括使用命令列、文字編輯器和版本控制等，我們也會在書中致力於培養你解決技術問題的能力，可以視為 IT 人員的軟實力，例如在 Google 中搜尋遇到的錯誤訊息，以及知道何時該重新啟動系統。本書提供了許多機會，讓你在實際的情境中培養這種能力。

最後，雖然每篇主題都可以獨立閱讀，不過我們會在字裏行間相互參照不同章節，讓你知道不同工具如何互相搭配使搭配使用。你將學會如何在文字編輯器進行更改後，利用 Git 在命令列記錄這些差異。像這樣全方位的基礎軟體開發工具的介紹，你在其他地方幾乎是找不到的。

命令列

本書的第 1 篇是命令列 (Command Line) 基礎實戰，是完全針對新手介紹的 Unix 命令列基礎。即使你沒聽過「命令列 (Command Line)」，應該

也看過黑底白字的文字模式，這一篇的內容，就是要讓你開始在這個看起來很厲害的環境下，做一些基本操作。其他你可以找到的命令列教學，大多會把重點放在每個命令的用途，實際上比較接近命令字典的內容。如同前面所說，我們假設你是一張白紙，因此會從最最最基本的文字輸入技巧開始講起，這代表只需要基本的電腦操作能力 (至少能夠在你的系統上安裝軟體)，就能看得懂、學得會。

整篇的架構是以基本的檔案功能操作為主，每個步驟都仔細地由實際操作來讓你理解。第 1 章涵蓋 Unix 命令的基本概念，並展示如何使用系統查詢功能來深入了解這些命令。第 2 章將教導如何使用命令行進行檔案的移動、更名、刪除等操作。第 3 章則介紹如何查看檔案內容 (包括大型檔案)，以及如何透過搜索內容來尋找檔案。最後，第 4 章會教你如何使用命令行建立目錄 (資料夾)，以在系統上進行檔案管理。

完成第 1 篇後，你算是一腳踏入 IT 人的世界了。在 IT 領域中，以文字模式運作的 Unix-like 系統無所不在，如 Linux、Android、macOS 及 iOS，到雲端開發環境、現在甚至連跟 Unix 無關的 Windows 系統也能運行 Linux 了。因此，只要你是從事 IT 工作，不管是網站開發、手機應用開發、系統工程師，或者資料科學家、分析師等等，會不會使用命令列 (至少不能排斥) 就顯得很重要，可以顯著提升競爭力 (至少表面上看起來會更厲害)。

文字編輯器

第 2 篇主題為文字編輯器，這絕對是專業 IT 開發人員所必備的工具，許多人把它跟 Word 文書編輯軟體混為一談。文字編輯器是用於建立包含純文字的檔案，這類文件格式幾乎包含所有的網頁技術 (HTML、CSS 等) 和程式語言 (JavaScript、Ruby、Python 等)。因此，在學會寫程式之前，其實更應該熟悉文字編輯器的使用。

文字編輯器的種類繁多，本書難以一一介紹，我們會著重文字編輯器共通的核心功能，並告知常見的操作差異。第 5 章首先介紹功能強大的 Vim 文字編輯器，它可用於幾乎任何 Unix-like 系統中。接著，第 6 章開始介紹所謂的「新一代」文字編輯器，主要以免費且開源的 Atom 編輯器為例，但

同時也強調了與其他編輯器 (如 Sublime Text 和 Visual Studio Code) 共有的特性。本章還包括了對 Markdown 格式的全面介紹。第 7 章進一步探討了進階的主題，如 Tab 觸發器和編輯程式碼的技巧等，並且展示了如何撰寫 shell script 以延伸第 1 篇中涵蓋的命令列的功能。

版本控制

第 3 篇著重在 Git 的版本控制。與其他兩篇相同，就算你沒先前沒聽過「版本控制」，也都可以輕鬆學會。版本控制系統，目的是讓你追蹤檔案間的差異，對於現在的軟體開發而言，已經是不可或缺的存在，而 Git 無疑是該領域的佼佼者。

第 3 篇透過追蹤一個實際網站專案的更新過程，教導如何有效使用版本控制。這不僅是單純學習 Git，也是為網頁開發打下良好的基礎。第 8 章開始，你將學習如何建立一個新的 Git 儲存庫作為專案的起點，並從一份簡單的 HTML 檔案開始。第 9 章介紹如何在 GitHub 上為你的專案建立遠端備份。第 10 章則展示了如何利用 Git 進行並記錄專案的差異，其中包含重要的分支和合併等技巧。最後，第 11 章說明如何使用 Git 與其他使用者協同合作，包括學習如何解決無可避免的檔案衝突問題。同時，你還會學到如何使用 GitHub Pages 免費服務，將你的網站部署到實際的網路上。

練習題

除了主要的教學內容之外，本書還包括大量的練習題，以幫助你測試所學知識並加深對內容的理解。這些練習中也包含了許多有用的提示。

操作示範影片

有鑑於靜態圖片難以呈現完成的操作步驟，加上部分工具或網站的畫面可能會不定時更新，小編會將本書的主要功能錄製成操作示範影片，讓讀者更清楚相關的操作細節，可連到以下網址，然後依照畫面指示輸入關鍵字，即可看到影片播放清單：

https://www.flag.com.tw/bk/st/F4124

關於作者

Michael Hartl 是超過十本 Learn Enough 系列書的作者或合著者，這系列除了本書外，也包含 JavaScript、Python、Ruby on Rails 等主題。Michael 經常在技術會議上發表演講，並於 2011 年因為他對 Ruby 社群的貢獻，獲頒 Ruby Hero Award。

Michael 也是《The Tau Manifesto》的作者，這本具有深遠影響的數學論文於 2010 年創立了國際性的數學節慶 — Tau Day。數字 $\tau = C/r = 6.283185\cdots$ 如今已被 Python、Julia、.NET 和 Rust 等程式語言，以及可汗學院 (Khan Academy) 和 Google 線上計算器等所採納，可以直接呼叫 τ。

Michael 畢業於哈佛學院，並取得加州理工學院物理學博士學位，也是 Y Combinator 全球最大新創加速器的「畢業生」。Michael 在加州理工學院研究廣義相對論，師從諾貝爾獎得主 Kip Thorne，也認識了 Kip 的朋友和常來訪的 Stephen Hawking。當年在加州理工學院的時候，他同時也教授核心物理課程，深受學生喜愛，並榮獲教學卓越終身成就獎。

除科學、教育和創業外，Michael 還酷愛合唱、學習語言和閱讀古籍。他也是一位 Krav Maga 高級學員，擁有黑帶五段 (**編註**：Krav Maga 俗稱以色列格鬥術，有興趣的讀者可參閱旗標出版的《KRAV MAGA 以色列格鬥術實戰教本》一書)。

目錄 | Contents

第二篇　文字編輯器

Chapter 5　文字編輯器簡介

Chapter 6　新一代文字編輯器

第一篇 命令列

1 基礎

Chapter

本書的目標是要教你現代軟體開發所需的 3 種必要的工具——命令列、文字編輯器和版本控制。包括需要與軟體開發者合作的人和有志於成為開發者的讀者都適用。

延伸學習 1.1：電腦的魔法

電腦可能是在現實生活中最接近魔法的東西：我們在機器上輸入「咒語」，如果咒語正確，機器就會聽從我們的命令。要實現這樣的魔法，電腦「女巫」與「巫師」不僅要依靠咒語文字，還需要魔杖、藥水和一兩本古老的書籍。具體來說，你需要的就是統稱為軟體開發的技能：包括編輯程式碼和一些工具，如命令列、文字編輯器和版本控制。瞭不瞭解這些工具是「技術」和「非技術」人員之間（或者用魔法術語來說，巫師和麻瓜之間）的主要分界線。本書是帶領你從非技術的 IT 素人跨到 IT 領域技術人的第一步，只要持續累積你的技術成熟度（延伸學習 1.4）將使我們成為軟體巫師——能夠施展電腦魔法，讓機器聽從我們的命令。

本書分成 3 篇，每 1 篇涵蓋 1 個基本工具：

❑ 第 1 篇：使用 Unix 命令列 [註1]。

❑ 第 2 篇：如何使用文字編輯器。

❑ 第 3 篇：關於使用 Git 進行版本控制。

3 個主題之間互有關連，我們在書中可能會時常互相參照。

許多程式設計書籍或教學都會忽略開發工具或假設使用者已經知道如何使用它們。但本書是針對完全新手進行介紹，了解命令列、文字編輯器和版本控制的基本知識對成為熟練的開發者絕對是必要的。事實上，即使是 macOS 這樣有精美圖形化使用者介面的系統，如果是有經驗的電腦程式設

註1. 很多系統會採用命令列介面，不過一般提到命令列（特別是本書），都是指 Unix 系統的命令列。也許你沒聽過 Unix，但你在網路上瀏覽的網站背後多半都是採用 Unix 系統。因此學會命令列除了對開發人員很重要之外，對於系統管理員 (sysadmins) 也同樣重要。

計師在用，你很可能會發現他的畫面是大量的「終端視窗」、文字編輯器視窗和版本控制命令 (圖 1.1)。精通本書所涵蓋的開發工具，也對那些需要與開發人員一起工作的人，如產品經理、專案經理和設計師非常有用。

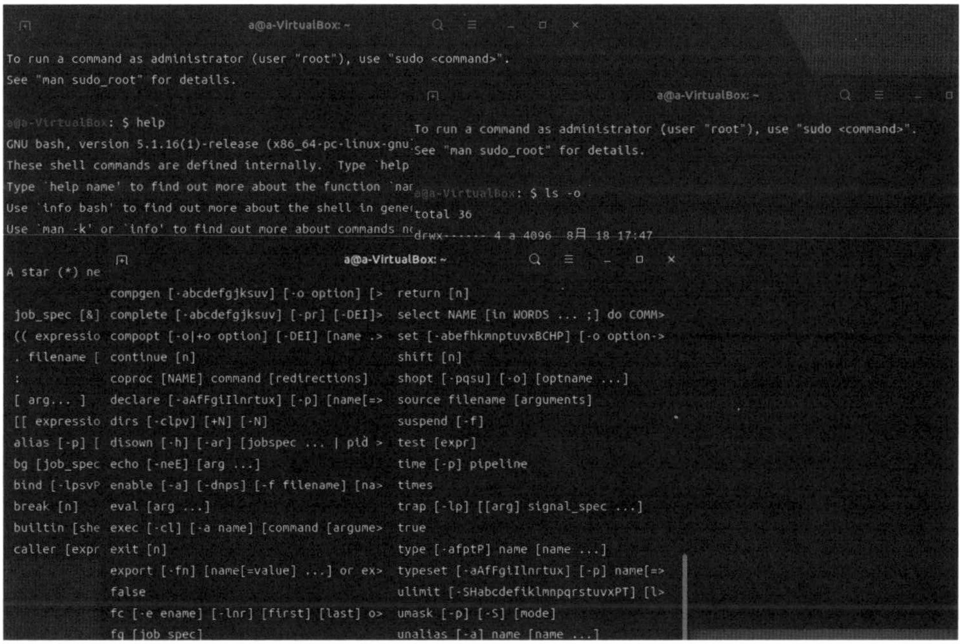

圖 1.1：經驗豐富的開發者常使用的終端視窗

1.1　簡介

　　儘管圖形使用者介面 (GUI) 可以大大簡化電腦的使用，但在許多情況下，與電腦互動的最強大且靈活的方式是透過命令列介面 (CLI)。在命令列介面中，使用者輸入命令告訴電腦要執行的任務。這些命令可以用各種方式組合以實現各種結果。基本的命令列命令如圖 1.2 所示。

圖 1.2：基本的命令列命令

本書涵蓋 Unix 命令列的基礎知識，其中 Unix [註2] 指的是一種作業系統，包括 Linux、Android、iOS (iPhone 和 iPad) 和 macOS。Unix 系統是大多數網路軟體、手機和平板電腦的運作基礎，同時也是世界上許多超級電腦所使用的作業系統。由於 Unix 在現代電腦系統中舉足輕重，因此本書所介紹的軟體開發工具，都是以 Unix 環境為主。

不過仍有一些系統不屬於 Unix 家族，其中就包括你我都非常熟悉的 Windows 系統，就算開發人員主要是在 Windows 系統進行軟體開發，在 IT 領域仍然很常會用到 Unix 命令列等工具。舉例來說，你會透過 ssh (secure shell) 之類的工具，從 Windows 系統遠端登入 Unix 伺服器，連上去之後就只能使用 Unix 命令來操控。若您日常習慣使用 Windows 系統也無妨，可以參考本書 A.3.3 節的說明，在 Windows 中建構 Linux 開發環境，或是參考 A.2 節採用雲端的 Linux 開發環境，就能跟著本書的內容來操作。

1.2 執行終端機

多數人電腦啟動後，看到的應該都是圖形化介面，因此要執行命令列的命令，首先需要開啟終端機 (terminal) 視窗，這是一個工具程式，可以讓你輸入、執行命令列的地方 (**編註**：口語也會說是文字模式)，終端機畫面的細節會根據電腦的作業系統不同而有所差異。

macOS

在 macOS 上，你可以使用 macOS 應用程式 Spotlight 打開終端視窗，你可以透過在螢幕右上方單擊放大鏡或輸入 ⌘ + space (Command-space) 來啟動它。啟動 Spotlight 後，你可以在 Spotlight 搜尋欄中輸入「terminal」來啟動終端程式。

⚡ \TIP/ 如果需要功能更強大、使用起來更彈性的終端機工具程式，建議可考慮安裝 iTerm。

註2. Unix 的名稱源自於當時市場上另一個競爭產品 Multics 的諧音。

此時，你可能會看到範例 1.1 所示的提示訊息。

範例 1.1：macOS 終端提示訊息

```
The default interactive shell is now zsh.
To update your account to use zsh, please run `chsh -s /bin/zsh`.
For more details, please visit https://support.apple.com/kb/HT208050.

[~]$
```

這個提示是因為自 macOS Catalina 之後，macOS 更換預設的終端機工具所導致的，現在你無須理會，本書將會在第 2.3 節介紹它。

⚡\TIP/ 更多資訊請參閱 Learn Enough 部落格文章「Using Z Shell on Macs with the Learn Enough Tutorials」(https://news.learnenough.com/macos-bash-zshell)。

Linux

在 Linux 上，你可以點擊如圖 1.3 箭頭所指的終端機圖示。結果應該會跟圖 1.4 差不多，雖然你實際看到的畫面細節可能會有所不同。

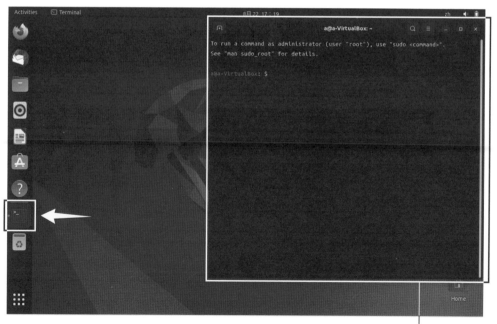

圖 1.3：Linux 終端機的圖示　　　　　　　　　　　　　　　　終端機視窗

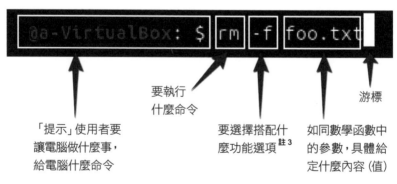

圖 1.4：終端機視窗

Windows

在 Windows 上，建議的選擇是按照第 A.3.3 節中描述的步驟安裝 Linux (Microsoft 竟然會有決定在自家產品中加入這功能的一天)。

安裝完 Linux 後，應該根據第 1.2 節的說明尋找終端機圖示。如果遇到困難，可以運用 Google 大神 (延伸學習 1.4)。

終端視窗

無論你使用哪種作業系統，你的終端視窗應該看起來像圖 1.4 所示，儘管細節可能不同。

我們在圖 1.2 看到的範例包括了命令的所有基本元素，如圖 1.5 所示。必須明白的是，「prompt」是由終端自動提供的，你不需要輸入它。此外，雖然 prompt 的確切詳細訊息會有所不同，但是對於本書的目的並不影響 (延伸學習 1.2)。

要執行
什麼命令

游標

「提示」使用者要
讓電腦做什麼事，
給電腦什麼命令

要選擇搭配什
麼功能選項[註3]

如同數學函數中
的參數，具體給
定什麼內容 (值)

圖 1.5：命令列的剖析 (你的 prompt 可能有所不同。)

註3. 選項有時也被稱為旗標 (flag)。

每一個命令列都是以一些符號開始，用來「提示」使用者執行操作，也稱為提示字元。如圖 1.5 所示，prompt 包含一串文字，結尾則通常以美元符號 $ 或百分比符號 % 結尾，前面的資訊則取決於該系統的詳細資訊。例如，在某些系統上，prompt 可能看起來像這樣：

```
Michael's MacBook Air:~ mhartl$
```

也有可能看起來像這樣：

```
[~]$
```

在圖 1.5 中它看起來像這樣：

```
a@a-VirtualBox: $
```

最後，我自己電腦畫面的 prompt 看起來像這樣：

```
[learn_enough_command_line (first-draft)]$
```

在這本書中，prompt 的細節並不重要，但我們會在第 2 篇討論自訂 prompt 的方法。

1.2.1 練習

這本書裡包含了許多練習題。我強烈建議在進入下個章節之前，先試著做完練習題，因為這有助於加強先前學習過的資料，並讓你熟練掌握所討論的命令。不過如果解題時卡住了，先前進到下一步，之後再回來練習也是個好主意。

1. 請參考圖 1.5，辨識圖 1.6 每行的 prompt 符號、命令、選項、參數和游標。

圖 1.6：執行一系列
基本的命令

2. 現代大多數終端機程式都能夠建立多個分頁（圖 1.7），這對於整理一組相關的終端機視窗非常有用。透過查看終端機程式的選單項目（圖 1.8），找出如何建立新的分頁。自我挑戰：學習建立新分頁的鍵盤快捷鍵（可試著使用系統的鍵盤快捷鍵）。

圖 1.7：三個分頁的終端機視窗

圖 1.8：macOS 終端機
的一些預設選單項目

1.3 我們的第 1 個命令

現在已準備好執行我們的第 1 個命令，該命令會將「hello」印到螢幕上。我們要執行的命令是 **echo**，參數是我們想要印出來的字元串 (string of characters)，或簡稱為字串 (string)。要執行 **echo** 命令，請在 prompt 提示字元處輸入「echo hello」，然後按 Enter 鍵：

⚡ 印出字元的位置稱為「標準輸出 (standard out，簡稱 stdout)」，通常預設是螢幕，反而 \TIP/ 不是「印」表機喔。

```
$ echo hello
hello
$
```

可以看到 **echo hello** 印出了「hello」然後下面返回另一個 prompt 提示字元。請注意，為了簡潔起見，我只保留 prompt 中的美元符號 **$**，其餘全部省略。

為了讓格式更明確，來試試第 2 個 **echo** 命令：

```
$ echo "goodbye"
goodbye
$ echo 'goodbye'
goodbye
$
```

請注意，這裡將 goodbye 括在引號中，並且還看到可以使用雙引號 (如 **"goodbye"**) 或單引號 (如 **'goodbye'**)。此類引號可用於直觀地對字串進行分組，儘管在許多情況下使用 **echo** 不需要引號 (範例 1.2)^{註 4}。

註4. 這兩個範例之間有細微的差異，但在本書中並不重要。如果你感到好奇，可以自己去找尋答案，以磨練自己的技術。

範例 1.2：以兩種不同方式列印「hello, goodbye」

```
$ echo hello, goodbye
hello, goodbye
$ echo "hello, goodbye"
hello, goodbye
$
```

在使用引號時可能發生的一種問題是未能將其對應配對，如下所示：

```
$ echo "hello, goodbye
>     ← 當發生未能將其對應配對的問題時，畫面上既不會印出字串，也沒有提示符號出現
```

現在看來終端沒有回應。有特定的方法可以解決這個問題（實際上，這種情況只需要加上一個結束引號然後按 Enter 鍵即可），但是最好有一個可以擺脫所有困境的方法（圖 1.9）註5。這個方法叫做「 Ctrl + C 鍵」（延伸學習 1.3)。

圖 **1.9**：cat 卡住了，也該 Ctrl + C 一下
（ 編註：cat 命令列的諧音梗）

___

註5. 這張圖片由 Akitameldes/Shutterstock 提供。

使用命令列時，有很多事情可能會使你陷入困境，簡單來說就是終端有可能當機。
以下是一些高機率會導致此情況發生的命令範例：

```
$ echo "hello

$ grep foobar

$ yes

$ tail

$ cat
```

在每種情況下，解決方法都是一樣的：按下 Ctrl + C 鍵。這裡的 Ctrl 指的是你鍵
盤上的 Ctrl 鍵，而 C 指的是標有 C 鍵的字母鍵。因此，Ctrl + C 鍵的意思是「按
住 Ctrl 鍵不放，同時按下 C 鍵。」特別的是，這裡的 C 不是指大寫字母 C，所以不
需要額外再按下 Shift 鍵來切換成大寫。(Ctrl + C 鍵會向終端發送控制碼，與在輸
入一般文本時使用的大寫 C 無關。) 按下 Ctrl + C 鍵的結果有時候會被寫成 ^C，像
這樣：

```
$ tail
^C
```

Ctrl + C 鍵的起源有點模糊，但是我喜歡把它想成是「Cancel (取消)」，這樣比較好
記。無論你如何記憶，都要記得：當你在命令列中發生問題時，最好的辦法通常是按
下 Ctrl + C 鍵。

⚡ 注意 當 Ctrl + C 鍵失效時，90% 的情況下按 Esc 鍵 (Escape 退出) 就可解決問題。
另外，如果你擅長文書處理，應該會知道 Ctrl + C 鍵也是複製文字使用的快捷
鍵，後續會再補充說明。

1. 輸入一行命令以印出字串「hello, world」。自我挑戰：如同範例 1.2 中，試試兩種不同方式，一個含引號，一個不含引號。

2. 輸入命令「echo 'hello」(只使用一個單引號)，然後使用延伸學習 1.3 的技巧解決問題。

1.4　man 查詢頁面

　　我們現在所使用的命令列，背後也是一支程式，比較專業的說法稱為「shell」[註6]，shell 其中包含一個強大的工具可以讓我們了解命令列提供哪些可用的命令。這個工具稱為 man (manual 的簡寫)，我們可以透過 man 來查詢某個命令怎麼用，例如：

```
$ man echo
```

　　執行後會印出線上手冊內容 (專業說法是 man page)，會顯示出你所查詢命令的相關資訊 (在本例中，是 **echo** 命令)。詳細內容因系統而異，但在我的系統上，執行 **man echo** 的結果如範例 1.3 所示。

範例 1.3：執行 man echo 的結果

```
$ man echo
ECHO(1)              BSD General Commands Manual              ECHO(1)

NAME
   echo -- write arguments to the standard output

SYNOPSIS
   echo [-n] [string ...]
```

接下頁

註6. 很多號稱命令列入門的教材，只要講到 shell，往往假設讀者已經會用內建的文字編輯器了，本書不做這樣的假設，我們會在後續章節 (第 4.6 節) 把它好好講清楚。

DESCRIPTION
```
   The echo utility writes any specified operands, separated by single blank
   (` ') characters and followed by a newline ('\n') character, to the stan-
   dard output.

   The following option is available:

   -n  Do not print the trailing newline character. This may also be
       achieved by appending `\c' to the end of the string, as is done by
       iBCS2 compatible systems. Note that this option as well as the
       effect of `\c' are implementation-defined in IEEE Std 1003.1-2001
       (``POSIX.1'') as amended by Cor. 1-2002. Applications aiming for
       maximum portability are strongly encouraged to use printf(1) to
       suppress the newline character.
```
:

在範例 1.3 的最後一行中，請注意冒號「:」的存在，這表示下面還有更多資訊。這最後一行的詳細資訊也取決於系統，但在任何系統上，你都應該能夠透過按向下箭頭 ↓ 鍵一行一行地查詢後續訊息，或者透過按 Space 鍵一頁一頁地查詢。要退出 man page，請按「q」(代表「quit」)。

由於 **man** 本身就是命令，我們可以把 **man** 應用在 **man** 上 (圖 1.10)[註7]，就像在範例 1.4 中一樣。

圖 **1.10**：將 man 應用在 man 身上 (**編註**：此處原文是 applying man to man，在籃球場上是人盯人的戰術)。

註7. 圖片提供：Monkey Business Images/Shutterstock。

範例 1.4：執行 man man 的結果

```
$ man man
man(1)                                              man(1)


NAME
    man - format and display the on-line manual pages

SYNOPSIS
    man [-acdfFhkKtwW] [--path] [-m system] [-p string] [-C config_file]
    [-M pathlist] [-P pager] [-B browser] [-H htmlpager] [-S section_list]
    [section] name ...

DESCRIPTION
    man formats and displays the on-line manual pages. If you specify
section,
    man only looks in that section of the manual. name is normally
    the name of the manual page, which is typically the name of a command,
    function, or file. However, if name contains a slash (/) then man
    interprets it as a file specification, so that you can do man ./foo.5
    or even man /cd/foo/bar.1.gz.

    See below for a description of where man looks for the manual page
    files.


OPTIONS
    -C config_file
 :
```

從範例 1.4 中我們可以看到，**man** 的概要大致如下：

```
man [-acdfFhkKtwW] [--path] [-m system] [-p string] ...
```

這就是我在上面將 man page 描述為「通常很神秘」的意思。事實上，在許多情況下，我發現 man page 的細節幾乎是難以理解的，但能夠瀏覽 man page 以獲得命令的進一步說明還是你一定要會的必備技能。為了熟悉閱讀 man page，建議在遇到新的命令時執行 **man <command name>**。即使 man page 提供的訊息可能不夠清楚，不過試著閱讀其中的內容還是會對未來軟體開發的軟實力有所助益。

在數學中，許多主題都可以透過對一小部分假設或公理進行純粹的推論來發展，例如代數、幾何、數論和分析。因為這些主題是完全獨立的，不需要什麼先修知識，這樣說來應該連小孩子也可以學習。然而實際上當然不是如此，往往還需要其他能力輔助才行，數學家會建議最好具備一定程度的數學成熟度，這指的就是理解和撰寫數學證明所需的經驗和一般性的能力所組成。

在科技領域中，類似的技能 (或者更準確地說，是一組技能) 以這種複雜的形式存在。除了「硬實力」(如熟悉文本編輯器和 Unix 命令列) 之外，還包括「軟實力」，例如尋找有可能的選單項目，並知道要在 Google 中輸入哪些關鍵詞 (如 xkcd 中所示的「Tech Support Cheat Sheet」(https://m.xkcd.com/627/))，以及具有要讓機器按照我們的命令執行的態度 (延伸學習 1.1)。

> ★ **小編補充** xkcd 是由 Randall Munroe 所創作的，題材非常廣泛，由於作者擁有 IT 背景，因此也有一些需要相同 IT 背景的人才能看懂的梗圖。「Tech Support Cheat Sheet」這張圖大致上展示了 IT 人遇到問題時的思考模式。

這些軟實力或應保有的態度只能意會難以言傳，因此在閱讀本書後續章節的字裡行間，請時時留意任何可以提升你實力的機會，包括範例實作、練習題、查看 man page、閱讀參考資料等。這些一點一點的經驗累積，最終會讓你像「Tech Support Cheat Sheet」一圖所呈現的，擁有神奇萬用程式般的處理能力。

順帶一提，「Tech Support Cheat Sheet」還少了幾個解決常見問題的重要技巧 (按照嚴重程度遞增列出，你應該優先試用的順序如下)：

1. 你有重新啟動應用程式嗎？

2. 你有重新啟動裝置嗎？或 (相關的裝置)，你有關掉它，等 30 秒，然後再開機嗎？

3. 你有試過先將應用程式移除再重新安裝嗎？

僅第 2 項就可能解決 90% 無法解釋的電腦問題。

1.4.1 練習

1. 根據 man page，在你的系統上 **echo** 的官方簡短描述和長描述分別為什麼？

2. 如範例 1.2 所示，預設的 **echo** 命令會將其參數列印到螢幕上，然後在全新一行顯示新 prompt。它這樣做的方法是添加一個稱為換行符號的特殊符號，這個符號可以把字串放在新的一行上。(換行符號通常被寫作 **\n**，讀作為「反斜線 n」。) 因為 **echo** 經常需要印出連續一串不分隔的字，所以有一個特殊的命令列選項可以防止換行。

   透過閱讀 **echo** 的 man page，找出印出「hello」且無換行符號的命令，並在終端機上驗證它是否正常運作。提示：為了確定命令列選項的位置，可以參考圖 1.5。透過比較你的結果與範例 1.5 和範例 1.6，應該能夠驗證你已正確地使用了這個選項。(注意：在某些舊版本的 macOS 上使用預設的終端程式執行可能出錯。在這種情況下，我建議安裝 iTerm。)

範例 1.5：使用換行符號執行 echo 的結果

```
hello
[~]$
```

範例 1.6：使用無換行符號執行 echo 的結果

```
hello[~]$
```

1.5 編輯命令列內容

命令列也提供快速輸入先前執行過命令的功能，可以修改後再重複執行，這些功能會需要搭配鍵盤上的各種功能鍵，功能鍵符號代表的意義可參考表格 1.1。如果你的鍵盤不同，請自己去找答案 (延伸學習 1.4)。

表格 1.1：各種鍵盤符號

按鍵	符號
Command	⌘ 鍵
Control	⌃
Shift	⇧
Option	⌥
Up，down，left，right	↑ ↓ ← →
Enter/Return	↵
Tab	⇥
Delete	⌫

　　編輯命令列中最實用的方法之一是使用「向上箭頭」↑，它可以簡單地檢索先前的命令。再次按向上箭頭可以繼續向上移動命令列表，而「向下箭頭」↓ 則回到列表底部。

　　其他常見的編輯方式是使用控制鍵（**Ctrl** 或 ^，如延伸學習 1.3 所示）。舉例來說，在輸入新命令或處理前一個命令時，通常能夠方便快速地在行內移動。假設我們輸入了一個命令

```
$ goodbye
```

　　輸入完才發現我們想在前面加上 **echo**。我們可以使用左箭頭 ← 鍵來到行首，但使用 ^A 更方便，它可以立即將我們帶到那裡。同樣地，^E 移至行尾 [註8]。最後，^U 清除到行首，讓我們重新開始。

　　快捷鍵 ^A、^E 和 ^U 在大多數系統上都可以運作，但如果你正在編輯一行較長的文字，例如這句含有威廉・莎士比亞十四行詩第 1 首第 1 行的文字（範例 1.7），這些快捷鍵就沒有太多用途了。

註8. 也有移動一個單詞的命令 (鍵盤順序 Esc 鍵 + F 鍵和 Esc 鍵 + B 鍵)，但我自己很少使用，所以大概知道就好。

範例 1.7：列印莎士比亞十四行詩第 1 首的第 1 行

```
$ echo "From fairest creatures we desire increase,"
```

假設我們想要將「From」改成「FRom」，以更貼近原始十四行詩的文本 (圖 1.11)。我們可以透過輸入 **^A** 後按幾次向右箭頭 ← 鍵，來到欲更改的地方，但在某些系統上，可以透過選項點擊，結合鍵盤和滑鼠，直接到達想要的位置。換言之，你可以按住鍵盤上的 option 鍵[註9]，然後移動滑鼠游標點擊你想要的位置。這樣我們就可以直接移動到「From」中的「o」，刪除「r」，得到範例 1.8。

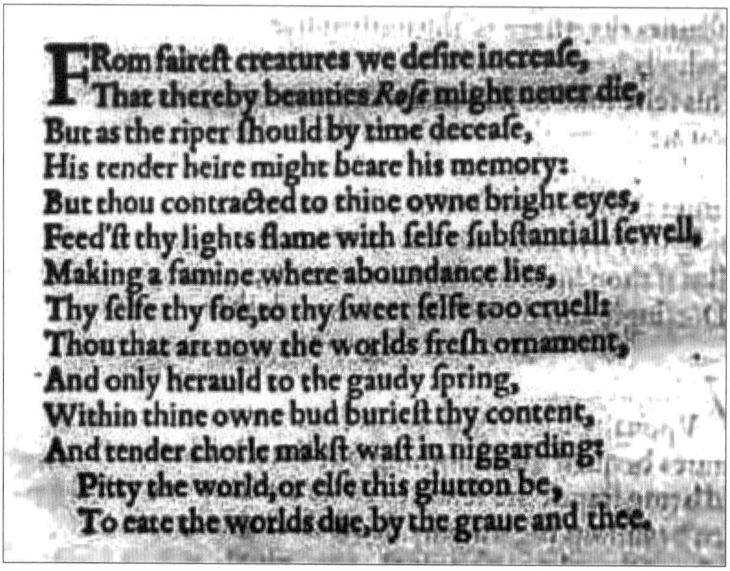
FRom faireſt creatures we deſire increaſe,
That thereby beauties *Roſe* might neuer die,
But as the riper ſhould by time deceaſe,
His tender heire might beare his memory:
But thou contracted to thine owne bright eyes,
Feed'ſt thy lights flame with ſelfe ſubſtantiall fewell,
Making a famine where aboundance lies,
Thy ſelfe thy foe,to thy ſweet ſelfe too cruell:
Thou that art now the worlds freſh ornament,
And only herauld to the gaudy ſpring,
Within thine owne bud burieſt thy content,
And tender chorle makſt waſt in niggarding:
Pitty the world,or elſe this glutton be,
To eate the worlds due,by the graue and thee.

圖 1.11：莎士比亞十四行詩第 1 首的原始樣貌

範例 1.8：編輯長命令的結果

```
$ echo "FRom fairest creatures we desire increase,"
```

我通常會利用 **^A**、**^E** 和左右箭頭鍵來在命令列移動，但當命令較長時，按一下 option 鍵 (Option-click) 會很有幫助。(如果我對正在輸入的命令改變了想法，我通常會按下 **^U**，重新開始是最快的方法。)

註9. 有些鍵盤沒有「Option」鍵，就無法使用這個技巧。

1.5.1　練習

1. 使用向上箭頭，在不用重新輸入「**echo**」的情況下將「fee」、「fie」、「foe」和「fum」這幾個字串印到螢幕上。

2. 從範例 1.7 開始，使用 **^A**、**^E**、箭頭鍵或按一下 option 鍵的任意組合將出現的短 s 更改為古老的長 s「ʃ」，以匹配原始外觀 (圖 1.11)。換句話說，**echo** 的參數應該讀取「FRom faireʃt creatures we desire increaʃe,」。提示：你的鍵盤不可能自然產生「ʃ」，所以請從網路上搜尋 "long s" 可以取得複製。

1.6　清除

在使用命令列時，有時候需要清除螢幕所有訊息，這時可以使用清理螢幕的命令 **clear**。

```
$ clear
```

這個的鍵盤快捷鍵是 **^L**。

同樣地，當我們結束一個終端機視窗 (或分頁) 並且準備退出時，我們可以使用 **exit** 命令：

```
$ exit
```

這個的鍵盤快捷鍵是 **^D**。

1.6.1　練習

1. 清除目前分頁的內容。

2. 開啟一個新的分頁，執行「echo 'hello'」，然後退出。

1.7 小結

本章重要的命令都整理在表格 1.2 中。

表格 **1.2**：第 1 章的重要命令

命令	描述	範例
echo \<string\>	將字串列印到螢幕上	$ echo hello
man \<command\>	顯示命令的 manual 頁面	$ man echo
^C	擺脫困境	$ tail ^C
^A	移到行首	
^E	移到行尾	
^U	刪除至行首	
Option-click	移動游標到所點擊的位置	
Up & down arrow	滾動到之前的命令	
clear or ^L	清除螢幕上的內容	$ clear
exit or ^D	退出終端機	$ exit

1.7.1 練習

1. 寫出一個命令來印出字串「Use "man echo"」，包括雙引號，也就是說，要注意不要印出 Use man echo。提示：在內部字串中使用雙引號，並用單引號將整個內容包裹。

2. 透過執行「**man sleep**」命令，了解如何讓終端機休眠 5 秒鐘，並執行相應命令。

3. 執行讓電腦睡 5000 秒的命令，這會超過一個小時，請使用延伸學習 1.3 中的方法來解決問題。

2

操作檔案

在介紹如何執行基本命令後，我們現在準備學習如何操作檔案，這是命令列中一項非常重要的任務。不過由於從第 1 章開始就假設你沒有任何基礎，因此我們不會利用任何工具來編輯文字或建立檔案（要到第 2 篇才會介紹文字編輯器），這代表你必須在命令列的環境中手動建立檔案。學會在命令列建立檔案是一項寶貴的技能，這是（本書刻意安排的）附加功能不是瑕疵 (this is a feature, not a bug. 見延伸學習 2.1)。

延伸學習 2.1：學習說「Geek」黑話

學習軟體開發的重要一環就是熟悉駭客、宅男、和怪咖文化（在台灣應該就是指竹科工程師），這些文化對軟體開發有著重大影響。例如，「這不是瑕疵，這是附加功能 (It's not a bug, it's a feature)」這句話常常被用來重新解釋一個看似有缺陷的問題，卻將其視為一個優點。

「新駭客辭典」(Jargon File) 收集了大量有趣的駭客術語，對於「feature」一詞也有具體的解釋：「未記載的附加功能」常被用來以幽默委婉的方式代指一個錯誤。還有個「一句話證明是電腦工程師」的笑話，只要對某個人說：「我今天看到了一輛車牌是 FEATURE 的福斯金龜車。」聽懂會笑的就是了。

這裡的笑點是，「bug」是福斯金龜車的暱稱，一輛掛有車牌 FEATURE 的金龜車是「這不是 bug，這是 feature」的具體展現（圖 2.1）[註1]。

即使你自認不是個怪胎或宅男，聽懂這些「黑話 (Geek)」將有助於你更快融入 IT 工程師的社交圈（小編註：文化有在地性，想了解台灣 IT 界的黑話，可以多逛逛靠北工程師社群）。

圖 2.1：這不是 bug，這是 feature

註1. 圖片由 Wirestock Creators/Shutterstock 提供。

2.1 重新導向與附加

讓我們從第 1 章結束的地方繼續，使用 **echo** 命令來印出莎士比亞十四行詩第 1 首的第 1 行 (範例 1.7)：

```
$ echo "From fairest creatures we desire increase,"
From fairest creatures we desire increase,
```

我們現在要建立 1 個包含這行文字的檔案。即使沒有文字編輯器的幫助，也可以使用重新導向算符 **>** 來完成這個任務：

```
$ echo "From fairest creatures we desire increase," > sonnet_1.txt
```

⚡ \TIP/ 還記得嗎？你可以使用向上箭頭檢索上1個命令，而不用重新輸入。

這裡右角括號 **>** 從 **echo** 中取出字串輸出並將其內容重新導向到 **sonnet_1.txt** 檔案，但因為原先沒有這個檔案，所以實際上會先建立檔案，再把字串內容傳進去。

我們要如何判斷有建立 sonnet_1.txt 檔案，而且其中有我們傳入的字串？在第 3 章，我們會學習更進階的命令列工具來檢查檔案，但現在我們可以使用 **cat** 命令，將檔案的內容直接顯示在螢幕上：

```
$ cat sonnet_1.txt
From fairest creatures we desire increase,
```

「**cat**」的名稱源自於「concatenate」的簡寫，它提示了這個命令可以將多個檔案的內容結合起來，但將單個檔案的內容顯示到螢幕上的用法更為常見。**cat** 是「簡單粗暴」查看特定檔案內容的方式 (圖 2.2) [2]。

註2. 圖片來源：garetsworkshop/Shutterstock。

圖 2.2：cat 查看檔案中

為了加入十四行詩的第 2 行 (新編版)，我們可以使用附加算符 **>>**，具體方法如下：

```
$ echo "That thereby beauty's Rose might never die," >> sonnet_1.txt
```

附加算符會在使用者所指定的檔案最後加入該行文字。我們同樣使用 **cat** 來查看結果：

```
$ cat sonnet_1.txt
From fairest creatures we desire increase,   ← 這是先前已經加入的字串
That thereby beauty's Rose might never die,   ← 這是現在附加的新字串
```

⚡ 要執行此命令，有比重新輸入更好的方法。如果你知道我在暗示什麼，就表示你已經掌
\TIP/ 握了這個技巧。

以上結果顯示，雙右角括號符號 **>>** 如預期的那樣，把來自 **echo** 的字串加入到了 **sonnet_1.txt** 檔案中。

新編十四行詩處理有時會將 Rose 改為 rose，我們可以另外使用 2 次 **echo** 來遵循這個慣例，建立第 2 個檔案：

```
$ echo "From fairest creatures we desire increase," > sonnet_1_lower_
case.txt
$ echo "That thereby beauty's rose might never die," >> sonnet_1_lower_
case.txt
```

為了方便比較類似但不完全相同的檔案，Unix 系統提供了實用的 **diff** 命令：

```
$ diff sonnet_1.txt sonnet_1_lower_case.txt
< That thereby beauty's Rose might never die, ┐
---                                            ├─ 只會列出不同的那行
> That thereby beauty's rose might never die, ┘
```

討論電腦檔案時，**diff** 經常被當作名詞使用 (「What's the **diff** between those files?」)，有時也被當作動詞使用 (「You should **diff** the files to see what changed. (你應該 diff 一下這些檔案有什麼改變)」)。和許多技術術語一樣，時間久了就可能會出現在一般日常對話或文章裡 [註3]。

2.1.1 練習

在以下各項練習的最後，使用 **cat** 命令來驗證你的答案。

1. 使用 **echo** 和 **>** 命令，建立名為 **line_1.txt** 和 **line_2.txt** 的 2 個檔案，分別包含十四行詩第 1 首詩的第 1 行和第 2 行。

註3. 如前面所說，diff 本來只是 Unix 上的工具，可以比較 2 個檔案之間所有差異並列出結果；廣義來說，也可以解釋成針對 2 個版本的東西進行全面與細節上的比較。例如 Paul Graham 於 2004 年所寫的文章「What You Can't Say」(http://www.paulgraham.com/say.html) 就提到：「Diff present ideas against those of various past cultures, and see what you get.」，雖然 diff 是電腦術語，但正好是他想表達意義的恰當詞彙。

2. 首先透過將 line_1.txt 的內容重新導向，複製原始的 sonnet_1.txt（包含十四行詩的前 2 行），然後附加 line_2.txt 的內容進去，再將這個新檔案命名為 sonnet_1_copy.txt，最後用 diff 確認它與 sonnet_1.txt 是否完全相同。提示：當 2 個檔案之間沒有差異時，diff 不會輸出任何東西。

3. 使用 cat 命令合併 line_1.txt 和 line_2.txt 的內容，並使用 1 個命令反向排序，產生檔案 sonnet_1_reversed.txt。提示：cat 命令可以取多個參數。

2.2 目錄

在 Unix 命令列中最常輸入的命令可能是 ls，為「list」的簡寫（範例 2.1）。

⚡ \TIP/ 請注意這邊的 l 為小寫的 L，而不是大寫的 i。

範例 2.1：使用 ls 列出檔案和目錄（輸出會因系統環境而異）

```
$ ls
Desktop
Downloads
sonnet_1.txt
sonnet_1_reversed.txt
```

ls 命令簡單地列出當前目錄中的所有檔案和目錄（除了那些被隱藏的檔案，我們稍後將會進一步說明）。這跟你在作業系統的圖形化介面（視窗畫面）中，查看電腦上有哪些檔案或目錄（也稱資料夾）是一樣的效果（如圖 2.3)，只不過在命令列是用文字的方式呈現，第 4 章你會對目錄和資料夾有更深入的了解。範例 2.1 的輸出結果只是示範操作，實際執行 ls 命令的輸出結果，會根據你電腦系統的檔案而有所差異。

⚡ \TIP/ 所有 ls 的範例都是如此，因此如果輸出有輕微差異，請不要擔心。

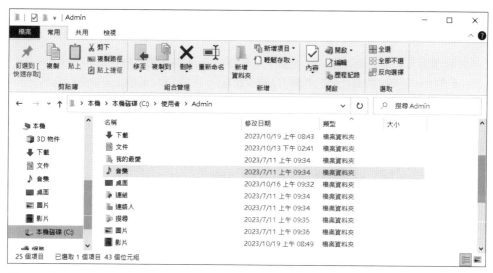

圖 2.3：將 ls（目錄）的概念用圖形的方式來呈現的話，就等同於資料夾或檔案夾視窗

    ls 命令可用於檢查檔案（或目錄）是否存在，因為嘗試用 ls 命令查看不存在的檔案會出現錯誤訊息，如範例 2.2 中所示。

範例 2.2：在不存在的檔案上執行 ls

```
$ ls foo
ls: foo: No such file or directory
$ touch foo
$ ls foo
foo
```

    範例 2.2 使用 **touch** 命令建立名稱為 **foo** 的空檔案（延伸學習 2.2），因此當我們第 2 次執行 **ls** 時，就不會有錯誤訊息。

    ⚡ **touch** 的既定用途是更改檔案或目錄的修改時間，但是在範例 2.2 中使用 **touch** 建立空
\TIP/ 檔案也是 Unix 常見的習慣用法。

當閱讀資訊相關手冊或技術文章時，你會經常遇到某些奇怪的詞語，例如 foo、bar 和 baz 等等。事實上，在本書中，除了剛剛的 ls foo 和 touch foo 之外，我們已經看到了 3 次這類用詞：在基本的命令列命令中（圖 1.2）、當從麻煩中解脫出來（延伸學習 1.3 中 grep foobar），以及在一個 man page（範例 1.4）中：

```
...if name contains a slash (/) then man interprets
it as a file specification, so that you can do man
./foo.5 or even man /cd/foo/bar.1.gz.
```

我們可以在 man page 中看到 foo 和 bar 的身影，明確地證明它們在電腦領域的普及性。這些奇怪名詞的起源是什麼？「新駭客辭典」一樣有對 foo 的條目做了一些說明：

- **foo**：/foo/

1. 感嘆詞。表示厭惡的用語。

2. 常常被用作任何東西的範例名稱，尤其是程式和檔案（特別是暫存檔案）。

3. 在語法範例中使用的偽變數列表上的第 1 個。參見 bar、baz、qux、quux 等。

當「foo」與「bar」一起使用時，它通常被追溯到二戰時期的軍隊俚語縮寫 FUBAR（參見 https://www.urbandictionary.com/define.php?term=fuber），後來改為 foobar。早期版本的新駭客辭典解釋了這變化為戰後修改，但現在多半認為更有可能 FUBAR 本身是由「foo」衍生而來，也許受到德語「furchtbar」（可怕的）的影響——「foobar」實際上可能是最初的形式。

連到這個超連結 (http://www.catb.org/jargon/html/M/metasyntactic-variable.html)，我們可以找到以下內容：

偽變數 (metasyntactic variable：n.)

在範例中使用的名稱（foo、bar、baz 等），常被當成沒有任何意思的代名詞使用，用來代表程式語法中正在討論的事物，或是討論中任意項目的代表（例如延伸學習 2.2 中 man page 就將舉例用的檔案及資料夾名稱寫作 foo），其中 foo 是最常被拿來使用的。為了避免混淆，駭客們幾乎不會使用「foo」或其他類似的詞語作為永久名稱。在檔名中常見的慣例是：任何以偽變數名稱開頭的檔案都是可以隨時刪除的暫存檔案。

接下頁

偽變數之所以被稱為 metasyntactic variable 是有以下幾個原因：(1) 它們是用於討論程式語法的中的變數 (編註 ：例如老師在教導如何寫程式時，當程式內需要變數，通常會優先考慮使用 foo)；(2) 它們通常是值為變數的變數，當偽變數裡的變數有任何變動時，偽變數也會受到其影響而改變 (如「f (foo,bar) 的值是 foo和 bar 的總和」等用法)。然而，有人認為「metasyntactic variable」這個術語之所以出現，實際原因只是因為看起來很酷。

換句話說，如果你想建立 1 個檔案，而且檔案本身並不重要，那麼名稱通常是「foo」。一旦你使用了「foo」，下 1 個檔案稱為「bar」，其後是「baz」，接下去就有很多變化了 (使用「quux」最常見)，但在多數情況下，3 個已經足夠了。

　　在命令列中，常見的做法是使用 **cd** (將在第 4 章中介紹) 更改目錄，然後立即輸入 **ls** 以查看目錄的內容。這能讓我們確認當前狀態，準備進行下一步。

　　ls 還支援使用萬用字元 ***** (讀作「星號」)。例如，要列出所有以「.txt」結尾的檔案，我們可以輸入以下內容：

```
$ ls *.txt
sonnet_1.txt
sonnet_1_reversed.txt
```

　　在這裡，***.txt** (讀作「星 - 點 -t-x-t」) 代表所有符合「以 .txt 結尾」的檔名。

　　ls 有三種特別重要的延伸用法 (搭配不同選項使用)，先介紹「長格式」，也就是後面加上選項 **-l** (讀做「dash-L」)：

```
$ ls -l *.txt
total 16
-rw-r--r-- 1 mhartl staff 87 Jul 20 18:05 sonnet_1.txt
-rw-r--r-- 1 mhartl staff 294 Jul 21 12:09 sonnet_1_reversed.txt
```

目前來說，你可以忽略由 **ls -l** 輸出的大部分資訊，但請注意，長格式列出了檔案最後修改時的日期和時間。日期之前的數字是以 byte（位元組）為單位的檔案大小 [註4]。

另一個功能強大的 **ls** 延伸用法是「按修改時間反向列表（長格式）(list by reversed time of modification (long format))」，即 **ls -rtl**，它按照每個檔案或目錄最近修改的順序使用長格式列出每個項目（相反排序以便最近修改的項目出現在螢幕底部，方便我們查看）。當目錄中有許多檔案但你想找的只是最近修改的檔案時（例如在確認檔案下載完成了沒），這個方法特別好用。我們將在第 3.1 節中看到一個範例，但你現在可以先試試看（你電腦上顯示的結果應該跟此處不同）：

```
$ ls -rtl
total 16
-rw-r--r-- 1 mhartl 450 Feb 21 17:11 README.md
drwxr-xr-x 2 mhartl 4096 Feb 23 09:06 images
-rw-r--r-- 1 mhartl 294 Feb 23 17:23 about.html
-rw-r--r-- 1 mhartl 282 Feb 27 10:03 index.html
```

順帶一提，-rtl 是常用的簡寫形式，但你也可以分開來輸入選項，像這樣：

```
$ ls -r -t -l
```

此外，rtl 的順序並不重要，因此鍵入 **ls -trl** 會產生相同的結果。

2.2.1 隱藏檔案

最後，Unix 有「隱藏檔案（和目錄）」的概念，在列出檔案時不會自動顯示。隱藏檔和目錄是以 1 個點 **.** 開頭，通常儲存在預設的位置。例如，在第 3 篇中，我們將建立名為 **.gitignore** 的檔案，告訴版本控制工具 (Git) 忽

註4. 1 個 bit (位元) 是 1 個 yes-or-no (即 1 或 0) 的訊息，1 個 byte (位元組) 等於 8 個 bit。你也很常會見到 MB, megabyte (一百萬位元組) 或 GB, gigabyte (十億位元組)。

略某些特定檔案不處理。舉個實際的例子，用 Git 同步程式時，我們希望忽略「.txt」的檔案，這時候要像以下建立 1 個 .gitignore 檔案：

```
$ echo "*.txt" > .gitignore
$ cat .gitignore
*.txt
```

如果我們執行 ls，.gitignore 這個檔案不會顯示出來，因為它是隱藏的：

```
$ ls
sonnet_1.txt
sonnet_1_reversed.txt
```

要讓 ls 顯示隱藏的檔案和目錄，我們需要輸入 **-a** 選項 (代表「all (全部)」)：

```
$ ls -a
.          .gitignore          sonnet_1_reversed.txt
..         sonnet_1.txt
```

如同預期 **.gitignore** 出現了。(我們將在第 4.3 節解釋 . 和 .. 所代表的是什麼。)

2.2.2　練習

1. 請問列出所有非隱藏且以字母「s」開頭的檔案和目錄的命令是什麼呢？

2. 請問列出所有包含字串「onnet」的非隱藏檔案，並按修改時間反向列表以長格式呈現的命令是什麼？提示：在開頭和結尾都使用萬用字元。

3 請問列出所有檔案 (包括隱藏檔案)，並依照修改時間反向列表以長格式呈現的命令是什麼？

2.3 重新命名、複製、刪除

　　除了列出檔案外，重新命名、複製和刪除檔案可能是最常見的檔案操作。與列出檔案一樣，大多數新的作業系統的視窗介面都具備這些操作功能，但在許多情況下，在命令列執行會更方便。注意：如果你使用的是macOS，你現在應該按照延伸學習 2.3 中的說明切換 shell。

延伸學習 2.3：將 macOS 切換為 Bash

如果你使用的是 macOS，請依照以下步驟確認你目前使用的 shell 程式與本書一致。macOS Catalina 的預設shell 是 Z shell (Zsh)，但為了得到與本書一致的結果，你應該切換到稱為 **Bash** shell。第 1 步是確定你的系統正在執行哪個 shell，你可以使用 echo 命令 (第 1.3 節) 來完成這一點：

```
$ echo $SHELL
/bin/bash
```

這會印出 $SHELL 的環境變數。如果看到上面顯示的結果，表示你已經在使用Bash，那麼可以繼續進行本書的其餘部分。在罕見情況下，$SHELL 可能與當前shell 不同，而以下的步驟仍可以幫你從一個 shell 切換到另一個 shell。若出現如範例 1.1 中顯示的提示請自行略過。

⚡ \TIP/　有關更多訊息，包括如何使用 Z shell 切換，請參見 Learn Enough 部落格文章「Using Z Shell on Macs with the Learn Enough Tutorials」(https://news.learnenough.com/macos-bash-zshell)。

echo回覆的另一種可能是這個：

```
$ echo $SHELL
/bin/zsh
```

如果你得到這樣的結果，應該使用 chsh (change shell) 命令，如下所示：

```
$ chsh -s /bin/bash
```

接下頁

這個時候 prompt 很可能會要求輸入系統密碼，輸入完成後使用 ⌘ + Q 鍵完全退出 shell 程式再重新啟動。

然後再次使用 echo 來確認是否更改成功：

```
$ echo $SHELL
/bin/bash
```

此時可能會看到在範例 1.1 中顯示的提示，請忽略它。

 請注意，以上步驟是完全可以改回來的，所以不用擔心損壞系統。

更改檔案名稱的方法是使用 **mv** 命令，為「move」的簡寫：

```
$ echo "test text" > test
$ mv test test_file.txt
$ ls
test_file.txt
```

這個命令將名為 **test** 的檔案重新命名為 **test_file.txt**。在這個範例中，最後一步是執行 **ls** 以確認檔案重新命名成功，但這邊顯示的輸出省略了 test 檔案以外的其他檔案。

「move」這個名稱源於 **mv** 的一般用法，在不同目錄中移動檔案（第 4 章），且可以重新為檔案命名。當來源和目標目錄相同時，這樣的「move」操作實際上就是一次簡單的重新命名。

複製檔案的方式是使用 **cp**，為「copy」的簡寫：

```
$ cp test_file.txt second_test.txt
$ ls
second_test.txt
test_file.txt
```

最後，刪除檔案的命令是 **rm**，為「remove」的簡寫：

```
$ rm second_test.txt
remove second_test.txt? y
$ ls second_test.txt
ls: second_test.txt: No such file or directory
```

請注意，在許多系統中，預設 prompt 會彈出確認是否刪除檔案。輸入以「y」或「Y」開頭的回答將會刪除該檔案，不然系統不會執行刪除。

順帶一提，在使用上面的 **cp** 和 **rm** 命令時，我通常不會完整輸入 **test_file.txt** 或 **second_test.txt**。而是會輸入類似這樣 **test ➞** 或 **sec ➞**，從而利用 Tab 鍵自動輸入檔名 (延伸學習 2.4)。

延伸學習 2.4：Tab 鍵自動完成

大多數現代的命令列程式 (Shell) 都支援 Tab 鍵自動完成 (Tab completion)，當系統中只有 1 個符合的結果時，會自動輸入。例如，如果只有 1 個以字母「tes」開頭的檔案名稱是 test_file，我們可以使用以下命令來刪除它：

```
$ rm tes ➞
```

其中 ➞ 是要你按 Tab 鍵 (表格 1.1)，然後，shell 將自動輸入檔名，產生 rm test_file。特別是對於較長的檔案名或目錄，Tab 鍵自動輸入可以節省大量輸入時間，並減輕記憶負擔，因為只需要記住檔案的前幾個字母。

如果符合的不只 1 個，例如我們有一個叫做 foobarquux 和一個叫做 foobazquux 的檔案，那麼這個單字只會自動出現到共同的部分，也就是說：

```
$ ls foo ➞
```

只會自動出現到：

```
$ ls fooba
```

接下頁

如果我們再次按下 Tab 鍵，就會列出比對結果：

```
$ ls fooba →|
foobarquux foobazquux
```

我們可以輸入更多字母讓符合結果只剩 1 個，例如在 fooba 後輸入 r 並按下 →|
將自動輸入 foobarquux：

```
$ ls foobar →|
```

還有一種用法很常見，有經驗的命令列使用者通常只需要按 f →| →| 之類的命令
即可讓 shell 顯示所有可能性：

```
$ ls f →| →|
figure_1.png foobarquux    foobazquux
```

接著，可以像平常一樣自動輸入額外的字母，以解決符合項目不明確的問題。

　　在未經設定的 Unix 系統上，**rm** 命令預設會直接刪除檔案而不需要確
認，由於刪除是不可逆的，為防止誤刪，許多系統將 rm 命令改成需要確認
才會刪除。(你可以透過執行 **man rm** 來驗證，刪除前先確認的選項為 **-i**，
因此實際上 **rm** 其實是 **rm -i**)。然而，在需要刪除多個檔案而不想逐一確認
時，這種設定可能就會變得不方便。例如，在使用第 2.2 節中介紹的萬用字
元 * 時。

　　若要一次刪除所有以「.txt」結尾的檔案而不進行確認，你可以輸入：

```
$ rm -f *.txt
```

　　這裡的 **-f** (代表「force (強制)」) 覆蓋了預設的 **-i** 選項，會立即刪除所
有符合條件的檔案。

⚡
\注意/　　現在你已經可以理解圖 1.2 中的命令了。

2.3.1 簡潔的 Unix

　　你可能會發現，本節和第 2.2 節中的命令都很短：像是 **ls**、**mv**、**cp** 和 **rm**，而不是 **list**、**move**、**copy** 和 **remove**。後者的命令名稱更容易理解和記憶，你知道為什麼實際的命令不用後者 (圖 2.4) 嗎？

圖 2.4：Unix 命令的簡潔性可能成為困惑的來源

　　答案是因為 Unix 設計時的時代背景，當時大部分電腦使用者透過緩慢的連線登入到集中式伺服器，使用者按下鍵盤按鍵的時間與在終端機上顯示結果的時間之間可能會有明顯的延遲，對於常常使用的命令，例如列出檔案：list 和 ls 或刪除檔案：remove 和 rm 之間的差異在使用中可能顯著影響效率。因此，Unix 中最常用的命令通常只有 2 到 3 個字母長。雖然這可能使得命令更難以記住，對於學習它們來說會稍感不便，但在實際使用命令列時，使用短命令所節省的時間非常明顯。

2.3.2 練習

1. 使用 **echo** 命令和重新導向算符 **>** 來建立名為 **foo.txt** 的檔案，內容為「hello, world」。然後使用 **cp** 命令建立 **foo.txt** 的副本 **bar.txt**。最後使用 **diff** 命令確認 2 個檔案的內容是相同的。

2. 藉由組合 **cat** 命令和重新導向運算符 **>**，不使用 **cp** 命令，建立 **foo.txt** 的副本 **baz.txt**。

3. 建立名為 **quux.txt** 的檔案，包含 **foo.txt** 的內容，再加上 **bar.txt** 的內容。提示：如第 2.1.1 節中所述，**cat** 可以接受多個參數。

4. 刪除不存在的檔案，**rm nonexistent** 與 **rm -f nonexistent** 有何不同？

2.4　小結

本章重要的命令都整理在表格 2.1 中。

表格 2.1：第 2 章重要命令

命令	描述	範例
>	將輸出重新導向至檔名	$ echo foo > foo.txt
>>	將輸出附加到檔案名稱	$ echo bar >> foo.txt
cat <file>	將檔案內容列印到螢幕上	$ cat hello.txt $ cat hello.txt
diff <f1> <f2>	檢視檔案 1 和 2 的差異	$ diff foo.txt bar.txt
ls	列出目錄或檔案	$ ls hello.txt
ls -l	列出長格式	$ ls -l hello.txt
ls -rtl	根據修改時間反向列表	$ ls -rtl
ls -a	列出所有的檔案和目錄 (包括隱藏的)	$ ls -a
touch <file>	建立 1 個空檔案	$ touch foo
mv <old> <new>	從舊名稱重新命名 (移動) 為新名稱	$ mv foo bar
cp <old> <new>	將舊的複製到新的	$ cp foo bar
rm <file>	刪除檔案	$ rm foo
rm -f <file>	強制刪除檔案	$ rm -f bar

2.4.1 練習

1. 透過從 HTML 版本 (https://www.learnenough.com/sonnet) 複製貼上圖 2.5 中的文字，使用 **echo** 建立名為 **sonnet_1_complete.txt** 的檔案，其中包含莎士比亞十四行詩第 1 首的完整原始文字。提示：或許你記得當 **echo** 後面接著沒有成對的雙引號時會卡住 (參考第 1.3 節和延伸學習 1.3)，例如 **echo "** 這樣，但實際上這種結構允許你輸出多行文字區塊。只要記得在結尾加上 1 個封閉的引號，然後再將它重新導向到具有適當名稱的檔案上。使用 **cat** (圖 2.2) 檢查內容是否正確。

> FRom fairest creatures we desire increase,
> That thereby beauties *Rose* might neuer die,
> But as the riper should by time decease,
> His tender heire might beare his memory:
> But thou contracted to thine owne bright eyes,
> Feed'st thy lights flame with selfe substantiall fewell,
> Making a famine where aboundance lies,
> Thy selfe thy foe,to thy sweet selfe too cruell:
> Thou that art now the worlds fresh ornament,
> And only herauld to the gaudy spring,
> Within thine owne bud buriest thy content,
> And tender chorle makst wast in niggarding:
> Pitty the world,or else this glutton be,
> To eate the worlds due,by the graue and thee.

圖 2.5：莎士比亞十四行詩第 1 首

2. 依照下列順序輸入命令，先建立名為 **foo** 的空白檔案，然後將其更名為 **bar**，最後再把它複製到 **baz**。

3. 列出所有以字母「b」開頭檔案的命令是什麼？提示：使用萬用字元。

4. 使用 1 個 **rm** 命令刪除 **bar** 和 **baz** 2 個檔案。提示：如果這 2 個檔案是當前目錄中唯一以字母「b」開頭的檔案，則可以利用上 1 個練習中學到的使用萬用字元的技巧。

3

Chapter

檢查檔案

在學習如何建立和操作檔案後，是時候學習如何檢查它們的內容了。特別是對於長度超過螢幕畫面的檔案來說特別重要。儘管我們在第 2.1 節中學到了使用 **cat** 命令將檔案內容顯示到螢幕上，但這對於較長的檔案並不是一個實用的解決方案。

3.1　下載檔案

要確認檔案超過螢幕畫面的顯示效果，需要先有一個這樣的檔案，我們將使用功能強大且實用的 **curl** 從網際網路上下載檔案。這個命令有時會寫成「cURL」，**curl** 允許我們在命令列中與 URL [1] 進行傳輸。儘管它不是 Unix 核心命令集的一部分，但它可在許多 Unix 系統上安裝。為了確保在你的系統上可用，我們可以使用 **which** 命令確認，該命令會查看給予的名稱在命令列是否可用 [2]。使用方法是輸入 **which**，然後輸入程序名稱，此處是輸入 **curl**：

```
$ which curl
/usr/bin/curl
```

我系統顯示的輸出為 **/usr/bin/curl**，但是你系統的輸出可能不同。如果結果只是 1 個空白行就表示找不到，需要安裝 **curl**，可以透過在 Google 上搜尋「install curl」，然後加上你的操作系統名稱 (例如「install curl macos」) 就能找到安裝方法。

安裝完 **curl** 後，我們可以使用範例 3.1 的命令下載 **sonnets.txt**，該檔案包含大量文字 [3]。

註1. URL 是 Uniform Resource Locator 的簡寫，就是一般常說的「網址」。

註2. 在技術上，「which」定位使用者路徑上的檔案，該路徑顯示的是可執行程序所在目錄的列表。

註3. 如果使用 curl 下載失敗，你可以在瀏覽器中搜尋該 URL，然後使用「檔案 > 另存為」功能將其保存到本機磁碟。

範例 3.1：使用 curl 下載較長的檔案

```
$ curl -OL https://cdn.learnenough.com/sonnets.txt
$ ls -rtl
```

要確認輸入的命令沒有打錯字母，特別是注意 **-OL** 選項中是大寫字母「O」而非數字零「0」。(了解 O、L 選項的功能將留作練習 (第 3.5.1 節)) 此外，在某些系統上因為不明的原因，可能必須執行 2 次命令才能使其正常運作，透過檢查 **ls -rtl** 的執行結果，你應該能夠看出第 1 次 **curl** 的命令是否按照預期建立了檔案 **sonnets.txt**，如果沒有建立，請自行再執行一次。

⚡ 如果需要重複執行 curl 命令，你可以按兩次向上箭頭 ⬆ 鍵來搜尋，但請參見延伸學習
\TIP/ 3.1 以了解其他選擇。

執行範例 3.1 的結果是得到一個 **sonnets.txt** 檔案，它包含莎士比亞所有 154 首的十四行詩。這個檔案總共有 2620 行，長度難以在 1 個螢幕上顯示完。本章的目標是學習如何檢查它的內容。除此之外，我們還將學習如何在不手動計算所有行數的情況下確定它有 2620 行。

⚡ 如果依照上述步驟卻無法順利下載檔案，可能是網路連線問題或是被防火牆阻擋，可
\注意/ 以先確認電腦的網路連線是否正常，如果連線正常或許關閉防火牆可以解決問題
（ **編註** ：若在 WSL 環境上操作，要特別注意此問題）。

延伸學習 3.1：重複先前的命令

在使用命令列時，經常需要重複執行之前的命令。到目前為止，在這本書中我們使用了向上箭頭鍵來搜尋之前的命令 (找到命令還可以進行編輯)，但這並不是唯一的方法。更快速的方法是使用驚嘆號「!」來尋找並立即執行之前的命令，驚嘆號在軟體開發中通常發音為「bang」。若是要完全按照前一次輸入過的命令重複執行，我們可以使用「!!」(bang bang)：

```
$ echo "foo"
foo
$ !!
echo "foo"
foo
```

接下頁

也可以在「!」後面加上一些字母，這會執行最後 1 個以這些字母開頭的命令。例如，要執行最後 1 個 curl 命令，我們可以這樣輸入：

```
$ !curl
```

這會讓我們省去重複輸入選項、網址等的麻煩。根據之前執行的命令紀錄，甚至也可以使用更簡略的 !cu 或 !c。當要用的命令距離上次使用已經間隔許多命令時，這種技巧尤其方便，不用很麻煩一直按向上箭頭 ⬆ 鍵搜尋。

另一個極為強大的技巧是 ^R（ Ctrl + R 鍵），它可以讓你輸入關鍵字，系統會在之前輸入過的命令中進行搜尋，並在執行之前讓你進行編輯。例如，我們可以在輸入 ^R 後，輸入 curl 來呼叫最後 1 個 curl 命令：

```
$ ^R
(reverse-i-search)`': curl
```

在大多數系統上，按下 Enter 鍵會在我們的 prompt 提示字元後加入最後 1 個 curl 命令，並允許我們在執行之前編輯它（如果有需要）。雖然這個範例所展示的功能與 !curl 非常相似，但實際上你可以輸入命令以外的關鍵字進行搜尋，例如將 curl 換成 https，^R 依舊可以找到最後一次輸入網址的命令。很多老手愛用 ^R 功能，如果你看他們工作時的螢幕，可能「所有命令都以 ^R 開頭」。

3.1.1 練習

1. 使用命令 **curl -I https://www.learnenough.com/** 來獲取 Learn Enough 網站的 HTTP 標頭欄位。該網址的 HTTP 狀態碼是什麼？這與 learnenough.com（沒有 **https://**）的狀態碼有什麼不同嗎？

2. 使用 **ls** 確認你的系統上是否存在 **sonnets.txt** 檔案。它的大小是多少 Byte？提示：請回想一下第 2.2 節中提到的，顯示 Byte 數的 **ls**「長格式」。

3. 前 1 個練習中的 Byte 數很大，以至於是以 KB 為單位 (通常被視為 1000 Bytes，但實際上等於 2^{10} = 1024 Bytes)。透過將「**-h**」(human-readable (人類易讀)) 選項添加到 **ls** 中，用易讀的方式列出十四行詩檔案長格式的字數。

4. 假設你想要列出檔案和目錄，並使用易讀形式顯示字數，按照修改時間反向的長格式列表。你會使用什麼命令？為什麼這個命令會成為本書作者的個人最愛？[註4]

⚡
\TIP/
HTTP 狀態碼是伺服器在回應 HTTP 請求時返回的 3 位數字代碼，它們用於說明請求的處理結果和狀況。這些狀態碼被分類為五大類，每一類都以特定的數字開頭，代表不同類型的回應。例如，200 代表請求成功，而 404 則意味著請求的資源未被找到。完整的 HTTP 狀態碼列表，可以到維基百科查詢。

3.2　搞清楚檔案的開頭和結尾

查看檔案的 2 個相關命令是 **head** 和 **tail**，分別允許我們查看檔案的開頭 (head) 和結尾 (tail)。**head** 命令顯示檔案的前 10 行 (範例 3.2)。

範例 3.2：查看範例檔案的開頭

```
$ head sonnets.txt
Shake-speare's Sonnets

I
From fairest creatures we desire increase,
That thereby beauty's Rose might never die,
But as the riper should by time decease,
His tender heir might bear his memory:
But thou contracted to thine own bright eyes,
Feed'st thy light's flame with self-substantial fuel
```

註4. 在知道 ls -a 和 ls -rtl 的使用方法後，覺得它們或許可以組合成命令 ls-artl，有一天我決定增加 1 個「h」上去，之後就發現這個組合還真好用 (編註 ：-hartl 正好是作者的姓氏)。

同樣地，**tail** 會顯示檔案的最後 10 行 (範例 3.3)。

範例 3.3：查看樣本檔案的結尾

```
The fairest votary took up that fire
Which many legions of true hearts had warm'd;
And so the general of hot desire
Was, sleeping, by a virgin hand disarm'd.
This brand she quenched in a cool well by,
Which from Love's fire took heat perpetual,
Growing a bath and healthful remedy,
For men diseas'd; but I, my mistress' thrall,
  Came there for cure and this by that I prove,
  Love's fire heats water, water cools not love.
```

　　跟顯示整份文件的 cat 命令不同，這 2 個命令在你確定只需檢查檔案開頭或結尾時非常實用，特別是像十四行詩這種內容龐大的檔案。這樣，即使是面對非常長的檔案，你也可以迅速獲得所需的資訊，無需浪費時間查看整個內容。

3.2.1　字數統計和管線 pipe

　　順帶一提，寫到這裡我原本並不記得 **head** 和 **tail** 預設顯示多少行。由於輸出只有 10 行，雖然可以用手算出來，但其實我是用 **wc** 命令 (為「wordcount」的簡寫，圖 2.4) 來計算出來。

　　wc 最常用於對完整的檔案進行統計。例如，我們可以將 sonnets.txt 傳入 **wc**：

```
$ wc sonnets.txt
  2620  17670  95635 sonnets.txt
```

　　這 3 個數字表示檔案中有多少行、多少字和 Bytes，因此該檔案包含 2620 行 (這實現了第 3.1 節末尾的承諾)，17670 個英文字和 95635 Bytes。

也許你現在可以想到一種確定 head sonnets.txt 有多少行的方法了。特別是我們可以使用重新導向（第 2.1 節）來將 head 與相關的內容組合成 1 個檔案，然後在其上執行 wc，如範例 3.4 所示。

範例 3.4：將 head 的結果交由 wc 執行

```
$ head sonnets.txt > sonnets_head.txt
$ wc sonnets_head.txt
   10    46    294 sonnets_head.txt
```

從範例 3.4 中我們可以看到 head wc 共有 10 行（包含 46 個單字和 294 個 Bytes)。同樣的方法當然也適用於 tail。

不過你可能會覺得單為了執行 wc 而製作中間檔案有點麻煩，實際上有一種稱為**管線** (pipe) 的技術可以避免這個問題。範例 3.5 展示了如何使用這種技術。

範例 3.5：將 head 的結果透過 wc 輸出

```
$ head sonnets.txt | wc
   10    46    294
```

在範例 3.5 中的命令執行 head sonnets.txt，然後使用 pipe 符號 |（在大多數 QWERTY 鍵盤上是 Shift + \ ）將結果透過 wc 進行處理。這種做法之所以有效，是因為 wc 命令除了接受檔案名作為參數外，還可以從「標準輸入 (standard in)」中接受輸入（可對照第 1.3 節中提到的「標準輸出 (standard out)」)。這意味著，我們可以將 head 命令的輸出直接作為 wc 命令的輸入，從而無需建立任何中間檔案即可計算 head sonnets.txt 的行數、字數和 Byte 數。在本例中，**head sonnets.txt** 的輸出如範例 3.2 中所示，而 wc 接受此輸入，並用相同方式進行計算，產生與範例 3.4 中相同的行數、字數和 Byte 數。

3.2.2　練習

1. 透過將 **tail sonnets.txt** 的輸出 pipe 給 **wc**，確認 **tail** 命令 (與 **head** 一樣) 預設也是顯示 10 行輸出。

2. 執行 **man head** 命令來學習如何檢視檔案的前 **n** 行，並嘗試使用不同的 **n** 值進行實驗，找出適合顯示整首十四行詩的 **head** 命令 (圖 1.11)。

3. 透過 **tail** 命令結合適當的選項，pipe 到上 1 個練習的結果，顯示出組成 Sonnet 1 的 14 行。提示：該命令將類似於 **head -n <i> sonnets. txt | tail -n <j>**，其中 **<i>** 和 **<j>** 表示 **-n** 選項的數值參數。

4. **tail** 命令中最方便的是 **tail -f**，用來監控正在變化的檔案，特別是用於追蹤 Web 伺服器等活動的日誌檔案，這被稱為「追蹤記錄檔案 (tailing the log file)」。模擬日誌檔案的建立，可以在終端分頁中執行 **ping learnenough.com > learnenough.log** (ping 命令可以持續查看伺服器是否有在運作)，並在另一個分頁中輸入命令以追蹤日誌檔案。(此時，2 個分頁都會卡住，一旦瞭解了 **tail -f** 的運作方式，你應該使用延伸學習 1.3 中的技巧來解決問題)。

3.3　少即是多：less 與 more 命令

　　Unix 提供了 2 個實用的工具方便使用者查看檔案的完整內容。這 2 個工具中較舊的稱為 **more**，但還有一個更強大的後續版本稱為 **less** [註5]。**less** 是互動式程式，因此很難用文字來呈現，但大致上看起來像這樣：

註5. 在某些系統上，它們的功能完全相同，所以 less 就是 more (或者更準確地說，more 就是 less)。

```
$ less sonnets.txt
Shake-speare's Sonnets

I

From fairest creatures we desire increase,
That thereby beauty's Rose might never die,
But as the riper should by time decease,
His tender heir might bear his memory:
But thou contracted to thine own bright eyes,
Feed'st thy light's flame with self-substantial fuel,
Making a famine where abundance lies,
Thy self thy foe, to thy sweet self too cruel:
Thou that art now the world's fresh ornament,
And only herald to the gaudy spring,
Within thine own bud buriest thy content,
And tender churl mak'st waste in niggarding:
 Pity the world, or else this glutton be,
 To eat the world's due, by the grave and thee.

II

When forty winters shall besiege thy brow,
And dig deep trenches in thy beauty's field,
sonnets.txt
```

　　使用 **less** 的好處是有好幾種方式來瀏覽檔案，例如利用箭頭鍵上下移動 1 行、按下空白鍵向下移動 1 頁、按下 **^F** 向前移動 1 頁 (相當於空白鍵)，或是按下 **^B** 向後移動 1 頁。要退出 **less**，輸入 **q** (「quit」的簡寫) 即可。

　　也許 **less** 最強大的功能在於斜線 ▢ 鍵，它讓你可以從檔案頭搜尋到檔案尾。例如，我們想要在 **sonnets.txt** 中搜尋「rose」(圖 3.1) [註6]，這是十四行詩中提到頻率最高的景物之一 [註7]。在 less 中要搜尋這個詞，只需要輸入 /rose，如範例 3.6 所示。

註6. 圖片由 Shuang Li/Shutterstock 提供。

註7. 雖然莎士比亞的十四行詩沒有日期，但大多數應該是在伊麗莎白女王統治時期創作的，而她的皇家家族採用玫瑰 (圖 3.1) 作為其象徵紋章。考慮到這個背景，莎士比亞選擇花卉形象並不令人意外，但其實只有少數評論家注意到這個看似明顯的參考。

範例 3.6：使用 less 搜尋字串「rose」

```
Shake-speare's Sonnets

I

From fairest creatures we desire increase,
That thereby beauty's Rose might never die,
But as the riper should by time decease,
His tender heir might bear his memory:
But thou contracted to thine own bright eyes,
Feed'st thy light's flame with self-substantial fuel,
Making a famine where abundance lies,
Thy self thy foe, to thy sweet self too cruel:
Thou that art now the world's fresh ornament,
And only herald to the gaudy spring,
Within thine own bud buriest thy content,
And tender churl mak'st waste in niggarding:
 Pity the world, or else this glutton be,
 To eat the world's due, by the grave and thee.

II

When forty winters shall besiege thy brow,
And dig deep trenches in thy beauty's field,
/rose
```

圖 3.1：來自莎士比亞
時代的著名玫瑰

在輸入範例 3.6 中的 **/rose** 並按下 Enter 鍵後，**less** 會反白顯示檔案中「rose」第 1 次出現的位置。然後，你可以按 **n** 移動到下 1 個符合的項目 (即 rose)，或按 **N** 移動到上 1 個符合項目 (**編註**：n、N 是不同命令，記得切換大小寫)。

最後 2 個重要的 **less** 命令是 **G**，用來移動到檔案的結尾，而 **1G** (即數字 **1** 後面接 **G**) 則是移動回檔案的開頭。

表格 3.1 總結了我認為最重要的命令，如果你想知道更多的話，可以在維基百科的 less 頁面上找到更長的命令列表。

命令	說明	範例
上下箭頭按鍵	向上或向下移動 1 行	
空白鍵	往前翻 1 頁	
ˆF	前往下 1 頁	
ˆB	往回翻 1 頁	
G	移至檔案結尾	
1G	移動至檔案開頭	
/<string>	搜尋檔案中的字串	/rose
n	移動到下 1 個搜尋結果	
N	移至前 1 個搜尋結果	
q	退出 less	

　　建議養成使用 **less** 來查看檔案內容的好習慣，這裡學到的技巧也可以應用在其他方面，例如，man page（第 1.4 節）使用與 **less** 相同的介面，所以透過學習 **less**，也能夠更加靈活地使用 man page 來查詢命令的使用方法和選項。

3.3.1 練習

1. 在 **sonnets.txt** 上使用 **less** 進行翻頁。向後翻 3 頁，然後向前翻 3 頁。翻到檔案結尾，再翻到開頭，然後退出。

2. 利用 **less** 的搜尋功能，找尋字串「All」(區分大小寫)，記錄向前和向後搜尋的出現次數。然後到檔案開頭，透過向前搜尋統計整個文件中該字串的出現次數，將你的計算結果與執行 **grep All sonnets.txt | wc** 的結果進行比較 (我們將在第 3.4 節學習 **grep**)。

3. 使用 **less** 和 **/**，找到以「Let me not」開始的十四行詩。這個字串是否有在十四行詩的其他地方出現？提示：按 **n** 查找下 1 個。

4. 因為 **man** 可以使用 **less**，所以我們可以用互動式搜尋，使用 **ls** 在 man page 中搜尋字串「sort」，並找出按大小排序檔案的選項，用長格式並將最大的檔案顯示在底部的命令是什麼？提示：類似 **ls -rtl**。

3.4 搜尋

檢查檔案內容最強大的工具之一是 **grep**，老手會很自然把它當動詞來用，例如你會聽到「你應該完全 grep 那個檔案」。**grep** 最常見的用法就是在檔案中尋找子字串。例如，我們在第 3.3 節中使用 **less** 來搜尋莎士比亞十四行詩中的「rose」字串。使用 **grep**，我們可以更直接地定位到包含該特定文字的那行，如範例 3.7 所示。

範例 3.7：搜尋莎士比亞十四行詩中「rose」的出現次數

```
$ grep rose sonnets.txt
The rose looks fair, but fairer we it deem
As the perfumed tincture of the roses.
Die to themselves. Sweet roses do not so;
Roses of shadow, since his rose is true?
Which, like a canker in the fragrant rose,
Nor praise the deep vermilion in the rose;
The roses fearfully on thorns did stand,
 Save thou, my rose, in it thou art my all.
I have seen roses damask'd, red and white,
But no such roses see I in her cheeks;
```

使用範例 3.7 中的命令，我們似乎可以 pipe 結果給 **wc** 來計算包含「rose」的行數 (第 3.3 節)，如範例 3.8 所示。

範例 3.8：將 grep 的結果導向 wc

```
$ grep rose sonnets.txt | wc
    10    82    419
```

範例 3.8 告訴我們，有 10 行包含「rose」(或「roses」，因為「rose」是「roses」的子字串)。但你可能還記得圖 1.11 中莎士比亞的第 1 首十四行詩以大寫「R」寫出的「Rose」。參考範例 3.7，我們實際上漏了這 1 行。這是因為 **grep** 的預設值是會區分大小寫，因此「rose」不會包括「Rose」。

grep 有 1 個選項可以執行不分大小寫的配對，可透過 **grep** 的 **man page** 進行搜尋，依以下步驟：

1. 輸入 **man grep**。

2. 輸入 **/case** 然後按下 Enter 鍵。

3. 請看結果 (圖 3.2)。

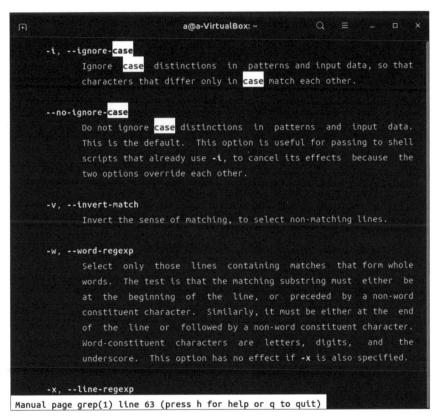

圖 3.2：使用 man grep 搜尋「case」的結果

⚡ 如第 1.4 節中簡單提到的，man page 使用與我們在第 3.3 節中遇到的 **less** 命令相同的
\TIP/ 介面，因此我們可以使用 **/** 來搜尋。

範例 3.9 是套用上述步驟的結果。比較範例 3.9 和範例 3.8 的結果，我們可以看到現在範例 3.9 有 12 行，而不是只有 10 個，因此十四行詩中必定有 12 - 10 = 2 行包含「Rose」(但不包含「rose」) [註8]。

範例 3.9：進行不區分大小寫的 grep

```
$ grep -i rose sonnets.txt | wc
    12    96    508
```

grep 工具的名稱源自一種稱為常規表達式 (也稱為 regexes) 的文字比對語法，全文的意思是「全域搜尋常規表達式輸出 (globally search a **r**egular **e**xpression and **p**rint.)」。有關常規表達式的完整介紹超出了本書的範圍，此處只做簡單介紹。

舉個簡單例子，我們想要搜尋所有以字母「ro」開頭，接著是任意數量的小寫字母，最後以「s」單字結尾的單詞。用常規表達式來表示「所有字母」是 **a-z**，接著可加入 1 個星號 * 以符合中間有的「0 個或更多」字母。因此，**ro[a-z]*s** 代表「ro」和「s」，中間包含任意數量的字母。我們可以在開頭和結尾加上空格，以確保是整個相符而非部分符合 (不會出現在某個文字之中)，如下：

```
grep ' ro[a-z]*s ' sonnets.txt
  To that sweet thief which sourly robs from me.
Die to themselves. Sweet roses do not so;
When rocks impregnable are not so stout,
He robs thee of, and pays it thee again.
The roses fearfully on thorns did stand,
I have seen roses damask'd, red and white,
But no such roses see I in her cheeks;
```

我們可以看到這個常規表達式除了比對出「roses」以外，還有像「robs」和「rocks」這樣的字串也符合。

一般來說，學習如何使用常規表達式的最佳工具之一是線上常規表達式產生器，例如 regex101，它讓你以互動的方式建立常規表達式 (圖 3.3)。不

註8. 其實「ROSE」、「RoSE」、「rOSE」等都符合，但「Rose」是最有可能出現的詞。

幸的是，**grep** 通常不支援常規表達式產生器使用的精確格式 (包括難以預測的「跳脫字元」的需求)，在常規表達式中精確度是一切。因此，其實我不常在 **grep** 中使用常規表達式來搜尋，真的需要使用時，我會改用文字編輯器或功能更齊全的工具來做。

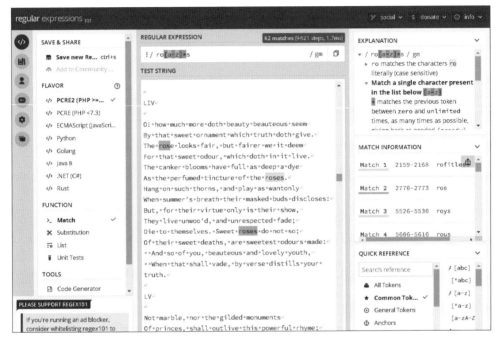

圖 3.3：線上常規表達式產生器 (https://regex101.com/)

然而，在本節中討論的 **grep** 方面包含大量常見的情況 (包括 grep 過程的重要應用 (延伸學習 3.2))。在第 4 章中，我們將繼續探討 **grep** 的進階和延伸用法，進一步豐富我們對 Unix 系統操作的理解和應用。

延伸學習 3.2：搜尋執行中的程序

grep 的眾多用途之一是在過濾 Unix 程序列表，用來找出符合特定字串的程序 (在 Unix-like 系統，如 Linux、macOS，使用者或系統每一個實際執行中的程式都稱為「程序 (process)」。當系統上有 1 個需要終止的程序時特別好用，若懷疑有惡意的程序正在運作，可以執行 top 命令，顯示出消耗最多資源的程序，查看後假設需要從程序列表中刪除 1 個名為 spring 的程序。首先需要找到程序，查看系統上所有程序的方法是使用帶有 aux 選項的 ps 命令：

接下頁

```
$ ps aux
```

根據 Unix 命令簡潔的慣例 (圖 2.4)，ps 是「process status」的簡寫。由於某些沒人知道的原因，ps 的選項不需使用破折號 (所以是 ps aux 而不是 ps -aux)。

要藉由程式名稱篩選出程序，只要將 ps 的結果 pipe 到 grep 就行了：

```
$ ps aux | grep spring
ubuntu 12241 0.3 0.5 589960 178416 ? Ssl Sep20 1:46
spring app | sample_app | started 7 hours ago
```

顯示的結果提供了有關程序的一些詳細資訊，但最重要的是第 1 個數字，即程序 ID 或 PID。為了終止不需要的程序，我們使用 kill 命令向 PID 發出 Unix 終止代碼 (代碼是 15)：

```
$ kill -15 12241
```

在這裡，我建議的技巧是針對單個程序進行終止，例如偵測惡意網頁伺服器程序時 (pid 可透過 ps aux | grep server 查找)，但有時終止與特定程序名稱符合的所有程序會比較方便，例如當希望終止導致系統阻塞的 spring 程序時。在這種情況下，你可以使用 pkill 命令來終止所有名為 spring 的程序，如下所示：

```
$ pkill -15 -f spring
```

任何時候當某項程序執行不如預期，或顯示為 frozen 時，建議使用 top 或 ps aux 來查看狀況，將 ps aux 透過 grep pipe 選擇可疑的程序，然後執行 kill -15 <pid> 或 pkill -15 -f <name> 來解決問題。

3.4.1　練習

1. 透過在 **man grep** 搜尋「line number」，使用 1 個命令來查詢 **sonnets. txt** 中包含「rose」字串的行號。

2. 當你使用 **less sonnets.txt** 這個命令時，你應該會發現「rose」這個字最後 1 次出現在第 2203 行。請想辦法直接跳到這 1 行。提示：回想一下在表格 3.1 中提到的，**1G** 可以直接跳到檔案的開頭，也就是第 1 行，同樣的，**17G** 可以跳到第 17 行，以此類推。

3. 將 **grep** 的輸出 pipe 到 **head**，印出 **sonnets.txt** 中第 1 個 (且只有第 1 個) 包含「rose」的行。提示：使用第 3.2.2 節中第 2 個練習的結果。

4. 在範例 3.9 中，我們看到了比預想多了額外的 2 行，因為它們不分大小寫比對是否有「rose」。執行命令確認這 2 行都包含字串「Rose」(而不是類似「rOSe」的其他形式)。提示：使用區分大小寫的 **grep** 搜尋「Rose」。

5. 你可能在前 1 個練習中發現，有 3 行包含「Rose」的字串，而不是從範例 3.9 中預期的 2 行。這是因為有 1 行包含了「Rose」和「rose」，因此會同時出現在 **grep rose** 和 **grep -i rose** 中。撰寫 1 個命令，確認包含「Rose」但沒有包含「rose」的行數是否與預期的 2 行相等。提示：將 **grep** 的結果導向到 **grep -v**，然後再將該結果 pipe 到 **wc** 來完成 (**-v** 是什麼意思？請閱讀 **grep** 的 man page (延伸學習 1.4))。

3.5 小結

本章重要的命令都整理在表格 3.2 中。

表格 3.2：第 3 章重要命令

命令	描述	範例
curl	與 URL 互動	$ curl -O https://ex.co
which	在路徑上尋找程式	$ which curl
head <file>	顯示檔案的開頭部分	$ head foo
tail <file>	顯示檔案的結尾部分	$ tail bar
wc <file>	計算行數、字數、Byte 數	$ wc foo
cmd1 | cmd2	透過 pipe cmd1 到 cmd2	$ head foo | wc 接下頁

命令	描述	範例
ping <url>	對伺服器網址進行 ping 測試	$ ping google.com
less <file>	以互動方式查看檔案內容	$ less foo
grep <string> <file>	搜尋檔案中的字串	$ grep foo bar.txt
grep -i <string> <file>	以不分大小寫的方式來搜尋	$ grep -i foo bar.txt
ps	顯示程序	$ ps aux
top	顯示程序 (已排序)	$ top
kill -<level> <pid>	終止 1 個程序	$ kill -15 24601
pkill -<level> -f <name>	終止名稱相符的程序	$ pkill -15 -f spring

3.5.1 練習

1. **history** 命令會列出特定終端機 shell 中的命令歷史記錄 (通常是大量的，但有一些限制)。使用 pipe 將 **history** 輸出至 **less**，以查看你的命令歷史記錄。你的第 17 個命令是什麼？

2. 透過將 **history** 命令的輸出 pipe 到 **wc**，計算你至今為止執行了多少個命令。

3. **history** 的其中一個用途是可以使用 grep 命令搜尋你以前使用過的命令，每個命令都會在命令歷史記錄中以相應的編號出現。透過將 **history** 的輸出 pipe 到 **grep** 中，確定最後 1 次出現的 **curl** 編號是多少。

4. 在延伸學習 3.1 中，我們學習了使用「**!!**」執行上 1 個命令。同樣地，「**!n**」執行第 **n** 個命令，例如，「**!17**」執行命令歷史中的第 17 個命令。使用先前練習的結果重新執行最後 1 次出現的 **curl**。

5. 在範例 3.1 中，**O** 和 **L** 選項代表什麼？提示：將 **curl -h** 的輸出 pipe 到 **less** 並先搜尋字串 **-O**，然後再搜尋字串 **-L**。

4

目錄操作

在研究了許多處理檔案的 Unix 工具之後，現在是時候學習關於目錄 (也稱資料夾) 的知識了 (圖 4.1)。正如我們即將看到的，雖然檔案與目錄的操作看起來有很多相同的部分，但也存在許多差異。

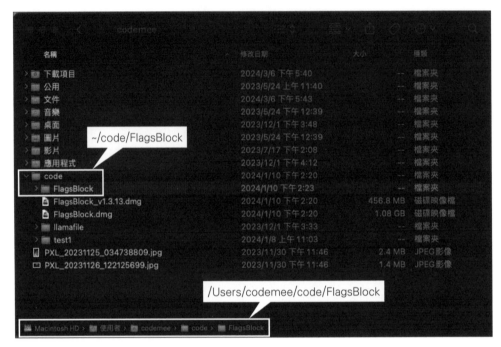

圖 4.1： 資料夾與目錄之間的對應關係

4.1 目錄結構

Unix 風格的目錄結構通常是使用斜線分隔目錄的名稱來表示，我們可以將其與 ls 命令 (第 2.2 節) 組合起來，如下所示：

```
$ ls /Users/codemee/code/FlagsBlock
```

或是像這樣：

```
$ ls /usr/local/bin
```

正如圖 4.1 所示，這樣的表示方式可以一一對應分層檔案系統中的目錄，例如 **Codemee** 是 **Users** 的子目錄，**code** 是 **Codemee** 的子目錄。

大家口頭上提到目錄時，習慣的說法會有所不同：像 **/Users/mhartl** 的使用者可能會將目錄讀成「斜線使用者斜線 mhartl」或「斜線使用者 mhartl」，而在口語中省略斜線也很常見，例如 **/usr/local/bin** 可能會唸成「使用者本機 bin」[註1]。由於所有 Unix 目錄最終都是根 (root) 目錄 **/** (稱為「斜線 (slash)」) 的子目錄，因此前導的斜線和分隔符號的斜線是不同含意。

⚡\TIP/ 注意：小心不要輸入成「反斜線 \(backslashes)」，很容易混淆或看錯，應嚴格避免。

對於特定使用者來說最重要的目錄是主目錄 (home directory)，我的主目錄在 macOS 系統中是 **/Users/mhartl**，對應著我的使用者名稱 **(mhartl)**。主目錄可以使用絕對路徑來指定，例如 **/Users/mhartl**，或者使用主目錄的簡寫：波浪號 **~** (通常位於數字 1 左邊的按鍵，按下 Shift 鍵 + ` 鍵產生)。因此，在圖 4.1 中顯示的 2 種路徑 **/Users/codemee/code/FlagsBlock** 和 **~/code/FlagsBlock** 是相同的。(有趣的是，波浪號符號被用作主目錄的原因只是因為在一些早期的鍵盤上，「Home」鍵與產生「~」的鍵是相同的。)

除了使用者目錄外，每個 Unix 系統都有系統目錄，用於存放讓電腦正常運作所需要的程式。因此修改系統檔案或目錄需要特殊權限，只有被授權的管理員，即 **root 使用者**才能進行。(此處使用的「**root**」與上面提到的「**根目錄**」無關)。由於管理員具有強大的權限，因此不建議直接使用該身分進行操作，通常應該使用 **sudo** 命令執行管理員的任務 (延伸學習 4.1)。

註1. 更多有關 Unix 系統目錄的資訊，請參考 Unix StackExchange 的「What is /usr/local/bin？」(https://unix.stackexchange.com/questions/4186/what-is-usr-local-bin)。

sudo 可以讓一般使用者有權力以管理員身份執行命令。例如，讓我們嘗試在系統目錄 /opt 中用 touch 建立 1 個檔案，命令如下：

```
$ touch /opt/foo
touch: /opt/foo: Permission denied
```

由於一般使用者沒有權限更改 /opt，因此命令會失敗，但加上 sudo 命令則會成功：

```
$ sudo touch /opt/foo
Password:
```

如上面所示，在輸入 sudo 後我們會被 prompt 要求輸入使用者密碼，如果輸入正確，且該使用者已被設定為具備 sudo 權限 (這是大多數桌面 Unix 系統的預設值)，則命令將成功執行。

⚡ 正如 xkcd 漫畫「Sandwich」(https://m.xkcd.com/149/) 中所示，在使用命令列時，
\注意/ 先被拒絕轉而使用 sudo 成功的這種狀況很常見。

◆★ 小編補充　「Sandwich」這張圖展示了相同的概念，也就是同一道命令本來被拒絕執行，前面加上 sudo 就執行了。

為確認檔案是否真的被建立，我們可以輸入 ls 命令查看：

```
$ ls -l /opt/foo
-rw-r--r-- 1 root wheel 0 Jul 23 19:13 /opt/foo
```

這裡可看到 (1) 一般使用者可以在系統目錄中用 ls 列出檔案和目錄 (不需要 sudo)，並且 (2) 名為 root 的名稱會出現在 ls 的結果中，表示管理員擁有該檔案。

⚡ 接續在 root 後面的 wheel，其意義三言兩語不太容易解釋清楚，你可以在名為
\TIP/ superuser (https://superuser.com/questions/191955/what-is-the-wheel-user-in-os-x)
的網站了解它的相關資訊。

接下頁

要移除剛建立的檔案，我們需要再次取得管理員權限 (如上頁提醒，檔案是管理員所擁有)：

```
$ rm -f /opt/foo
rm: /opt/foo: Permission denied
$ sudo !!
$ !ls
ls: /opt/foo: No such file or directory
```

這裡第 1 個 rm 失敗了，所以我們執行了 sudo !!，這會先執行 sudo，然後再執行上 1 個命令，我們接下來跟著輸入 !ls，這會執行先前的 ls 命令 (延伸學習 3.1)。

值得注意的是，像 sudo !! 這樣的英文發音，在口語溝通中很重要。正如在延伸學習 3.1 中所指出的，!! 的發音是「bang bang」。sudo 則是發音為「SOO-doo」或「SOO-doh」。sudo 中的 do 實際上是英文單詞「do」。因此，我對於 sudo !! 的首選發音是「SOO-doo bang bang」。

順帶一提，sudo 中的 su 原本是「管理員 (super-user)」的意思 (參考 https://pthree.org/2009/12/31/the-meaning-of-su/)，但是隨著時間的推移，它的解釋範圍擴大了，現在通常被認為是「替代使用者 (substitute user)」。因此，sudo 是「替代使用者執行 (substitute user do)」的簡寫，預設被替代的使用者就是管理員 (super-user)。由於管理員擁有修改系統檔案或目錄的特殊權限，所以可以做任何事情，如在「Sandwich」中命令「sudo make me a sandwich」可以成功，而只是單純的「make me a sandwich」則無法執行。

4.1.1 練習

1. 如何唸出目錄 **~/foo/bar**？

2. 在 **/Users/bill/sonnets** 中，主目錄是什麼？使用者名稱是什麼？哪個目錄在層次結構中是最深的？

3. 假設使用者名為 **bill**，請問 **/Users/bill/sonnets** 和 **~/sonnets** 的差別？

4.2 製作目錄

到目前為止，我們講了許多關於檔案的建立與刪除。現在終於到了學習建立目錄來收納它們的時候了。雖然新一代的作業系統都可以使用圖形化介面，不過很多 IT 老手習慣 Unix 的做法，使用 mkdir (make directory 簡寫，參考圖 2.4) 命令來完成：

```
$ mkdir text_files
```

完成目錄後，我們可以使用萬用字元將檔案移至目錄中：

```
$ mv *.txt text_files/
```

我們可以透過列出目錄來確認移動是否成功：

```
$ ls text_files/
sonnet_1.txt    sonnet_1_reversed.txt sonnets.txt ←
```

若未完全依照前面步驟操作，此處
顯示出來的結果可能會有所不同

預設上，在目錄中執行 **ls** 會顯示其內容，但我們可以使用 **-d** 選項僅顯示目錄：

```
$ ls -d text_files/
text_files/
```

這種用法更常和第 2.2 節介紹的 -l (長格式，會列出檔案最後修改的日期和時間) 搭配使用：

```
$ ls -ld text_files/
drwxr-xr-x 7 mhartl staff 238 Jul 24 18:07 text_files
```

最後，我們可以使用 **cd** 命令更改目錄：

```
$ cd text_files/
```

請注意，**cd** 通常支援 Tab 鍵自動完成，因此 (如第 2.4 節所述) 我們實際上可以輸入 **cd tex ⇥**，後面的「t_files」會自動補上。

執行 **cd** 後，我們可以使用「顯示工作目錄」的命令 **pwd**，然後再用 **ls** 來確認檔案是否在目錄裡：

此處會跟你的畫面不同

```
$ pwd
/Users/mhartl/text_files
$ ls
sonnet_1.txt      sonnet_1_reversed.txt sonnets.txt
```

輸入 **pwd** 確認資料夾路徑，尤其是執行 **ls** 查看資料夾內容後，是許多 IT 老手的習慣。當然，你執行 **pwd** 後的結果會跟我不同，除非你的使用者也是「mhartl」。

4.2.1 練習

1. 可以根據需求使用單個命令在過程中建立中間目錄的選項是什麼，例如：**~/foo** 和 **~/foo/bar** 等。提示：請參閱 **mkdir** 的 man 頁面。
2. 使用前 1 個練習中的選項，透過 1 個命令製作目錄 **foo**，並在其中建立目錄 **bar** (即 **~/foo/bar**)。
3. 透過將 **ls** 的輸出導向到 **grep**，列出所有在主目錄中包含字母「o」的內容。

4.3 目錄瀏覽

我們在第 4.2 節中看到如何使用 **cd** 命令切換到輸入名稱的目錄。這是最常見的瀏覽方式之一，但有幾個特殊的用法你必須知道。

切換上層目錄

第 1 個是使用 **cd ..** (讀作「c-d 點點」) 切換到層次結構中上 1 層的目錄：

```
$ pwd
/Users/mhartl/text_files
$ cd ..
$ pwd
/Users/mhartl
```

此處因為 **/Users/mhartl** 是我的主目錄，也可以只使用 **cd** 就達到同樣的效果：

```
$ cd text_files/
$ pwd
/Users/mhartl/text_files
$ cd
$ pwd
/Users/mhartl
```

可以這樣做的原因是無論目前所在的目錄在哪裡，單獨使用 **cd** 命令會直接切換至使用者的主目錄。這代表以下 2 種做法的結果是相同的：

```
$ cd
```

以及

```
$ cd ~
```

當改變目錄時，能夠直接指定主目錄是非常有用的。例如，假設我們建立了 second_directory，並使用 **cd** 命令進入該目錄：

```
$ pwd
/Users/mhartl
$ mkdir second_directory
$ cd second_directory/
```

現在我們在 second_directory 目錄，使用 cd 命令可以搭配 ~ 表示主目錄，切換到其下的 text_files 目錄：

```
$ pwd
/Users/mhartl/second_directory
$ cd ~/text_files
$ pwd
/Users/mhartl/text_files
```

順帶一提，我們現在已經可以理解圖 1.6 所顯示的 prompt 提示字元了。我已經設定我的 prompt 提示字元顯示當前的目錄，像是「**~**」、「**ruby**」或「**projects**」。(在第 2 篇第 6.7.1 節中將討論如何自訂 prompt。)

指向目前所在目錄

和「向上 1 層目錄」相關的是「.」(讀作「點」)，意思是「目前所在的目錄」。最常見的使用方式是將檔案移動或複製到目前的目錄中：

```
$ pwd
/Users/mhartl/text_files
$ cd ~/second_directory
$ ls  ← 目前目錄是空的，所以不會顯示任何內容
$ cp ~/text_files/sonnets.txt .
$ ls
sonnets.txt
```

⚡ \TIP/ 請注意，上面第1次呼叫 **ls** 時不會顯示任何東西，因為 **second_directory** 一開始是空的。

另一種常見的用法是和 **find** 命令組合使用，效果就像 **grep** 一樣功能極其強大，我自己比較常像下面這樣使用：

```
$ cd
$ find . -name '*.txt'
./text_files/sonnet_1.txt
./text_files/sonnet_1_reversed.txt
./text_files/sonnets.txt
```

也就是在目前的目錄和它的子目錄中 [註2]，尋找符合 ***.txt** 格式的檔案名稱，使用 **find** 工具可以在命令列中方便地尋找檔案。

我最喜歡用 . 的方式是「open .」，但這只適用於 macOS：

```
$ cd ~/ruby/projects
$ open .
```

聰明的 **open** 命令會以預設程式開啟特定的檔案或資料夾。例如：**open foo.pdf** 就會以預設的 PDF 檔案閱讀器 (在大多數 Mac 上預設會是 Preview 這個軟體) 開啟 PDF 檔案。在某些 Linux 系統上也有相似的命令叫做「**xdg-open**」。而對於目錄「.」來說，預設的程式是 Finder，因此 **open .** 會用 Finder 開啟目前目錄。

切換到先前的目錄

最後 1 個跟瀏覽目錄有關的命令，也是我個人最喜歡的命令之一是 **cd -**，可以切換到先前的目錄，不論目前位在哪裡：

```
$ pwd
/Users/mhartl/second_directory
$ cd ~/text_files
$ pwd
```

接下頁

註2. 我的目錄有很多文字檔案，所以我執行的命令實際上是 find . -name '*.txt' | grep text_files，這會過濾掉 text_files 目錄 (我用來放本書檔案的地方) 以外的檔案。

```
/Users/mhartl/text_files
$ cd -
/Users/mhartl/second_directory
```

在組合命令時，**cd -** 特別有用，如延伸學習 4.2 中所述。

在命令列組合命令通常是很方便的。例如，在使用 Unix 的 configure 和 make 安裝軟體時，這些程式通常按以下順序出現：

```
$ ./configure ; make ; make install
```

這行命令會在目前的目錄執行 configure 程式，然後接著執行 make 和 make install。(你不需要理解這些程式在做什麼，而且實際上它們不會在我們所在的目錄下運行，除非你切換到要安裝程式的目錄中。) 由於它們以分號「;」分隔，所以這 3 個命令是依順序執行的。

使用 2 個 and 符號 && 是更好的組合命令方式：

```
$ ./configure && make && make install
```

不同之處在於，用「&&」分隔的命令只有在前 1 個命令成功執行時才執行。相反地，使用「;」無論如何所有命令都會被執行，如果後續命令需要接續先前命令的結果，將會導致錯誤。

我特別喜歡使用「&&」來組合「cd -」的功能，讓我可以像這樣執行操作：

```
$ build_article && cd ~/tau && deploy && cd -
```

再次強調，你不需要完全理解這串命令，大致的用途是我們可以在 1 個目錄中建立 1 篇文章，然後 cd 到不同的目錄部署到生產環境 (可能是個網站)，然後再 cd 返回 (cd -) 原來的目錄繼續工作。如果有需要再次執行，可以使用先前提過的方法 (延伸學習 3.1)。

1. **cd** 與 **cd ~** 的效果有何不同？

2. 切換到 **text_files** 這個檔案夾，然後使用「上 1 層目錄」的雙點運算符切換到 **second_directory**。

3. 從任何位置，使用你想用的任何方法，在 **text_files** 中建立 1 個名為 **nil** 的空檔案。

4. 使用不同的路徑刪除前 1 個練習中的 **nil**。(換句話說，如果你之前使用路徑 **~ /text_files**，則使用像 **../text_files** 或 **/Users/<username>/text_files** 的東西。)

4.4 重新命名、複製和刪除目錄

重新命名、複製和刪除目錄的命令與檔案的操作 (第 2.3 節) 相似，但要特別留意一些微小的差異。差別最小的命令是 **mv** (重新命名)，它的操作方式與檔案命令相同：

```
$ mkdir foo
$ mv foo/ bar/
$ cd foo/
-bash: cd: foo: No such file or directory
$ cd bar/
```

這個錯誤訊息表示 **mv** 動作已經完成，所以找不到原來 **foo** 的檔案或目錄。

⚡TIP **bash** 是指目前正在執行的 shell 程式，這個名稱取自「Bourne Again SHell」的縮寫。

你也可以像下面使用 **mv** 將目錄重新命名，細微的差別在於最後的斜線可加可不加 (通常會如延伸學習 2.4 所建議用 Tab 鍵自動補全)：

```
$ cd
$ mv bar foo
$ cd foo/
```

在使用 **mv** 時，最後的斜線不會有影響，但在使用 **cp** 時則要特別注意，在複製目錄時，通常會希望連同目錄本身一起複製，而這在許多系統上需要去掉最後的斜線，再加上「-r」選項 (表示「遞迴」)，才會一併複製檔案。例如，複製 **text_files** 目錄內容到名為 **foobar** 的新目錄中，我們可以使用範例 4.1 中所示的命令。

範例 4.1：複製目錄

```
$ cd
$ mkdir foobar
$ cd foobar/
$ cp -r ../text_files .    ←── 將上層的 text_files 目錄和其內容都複製到目前的位置
$ ls
text_files
```

請注意，此處我們使用「..」先往上 1 層再進入 **text_files**。還要注意 **cp -r ../text_files .** 最後沒斜線，如果有加斜線，結果如範例 4.2。

範例 4.2：帶有斜線的複製

```
$ cp -r ../text_files/ .
$ ls
sonnet_1.txt      sonnet_1_reversed.txt sonnets.txt    text_files ←──
                          略過 text_files 目錄，直接複製檔案而已
```

也就是說，範例 4.2 只會複製個別檔案，但不包含目錄本身。因此我建議始終省略最後的斜線，就像範例 4.1 一樣。如果你只想複製檔案，請使用星號來指定，例如：

```
$ cp ../text_files/* .
```

相較於更改（移動）和複製目錄，都是使用與檔案相同的 **mv** 和 **cp** 命令，移除目錄時則有專門的命令 **rmdir**。然而，根據我的經驗，**rmdir** 不太好用，如以下所見：

```
$ cd
$ rmdir second_directory
rmdir: second_directory/: Directory not empty
```

這裡的錯誤訊息幾乎是我試著刪除目錄時 99% 會發生的情況，因為 **rmdir** 需要目錄是空的才能刪除。當然你可以手動清空（使用 **rm** 反覆執行），但這通常很不方便，我幾乎都是使用更強大但更危險的「強制刪除遞迴命令」**rm -rf**，它會刪除目錄、目錄裡的檔案和所有子目錄，且不需要確認（範例 4.3）。

範例 4.3：使用 rm -rf 命令刪除目錄

```
$ rm -rf second_directory/
$ ls second_directory
ls: second_directory: No such file or directory
```

範例 4.3 中 **ls** 的錯誤訊息所示「找不到該檔案或目錄」，表示我們使用 **rm -rf** 成功刪除了這個目錄。

rm -rf 因為太方便了很難不去用它，但請記得：「能力越大，責任越大」（圖 4.2）[註3]。

圖 4.2：這個超級英雄了解如何負責地使用 rm -rf 命令的力量

註3. 圖片提供：MeskPhotography/Shutterstock。

4.4.1 Grep 遞迴尋找

現在我們知道了一些關於目錄的知識，可以延續第 3.4 節的內容，額外介紹 1 個 **grep** 的另一種用法。與 **cp** 和 **rm** 一樣，**grep** 也可以使用「遞迴」選項 **-r**。在這個範例中，我們將使用 grep 在目錄和其子目錄中的檔案尋找 1 個字串。當你想在層層目錄的檔案中查找字串，但不確定該檔案在哪裡時，這非常好用。以下是前置步驟，將「sesquipedalian」放在名為 **long_word.txt** 的檔案中：

```
$ cd text_files/
$ mkdir foo
$ cd foo/
$ echo sesquipedalian > long_word.txt
$ cd
```

最後 1 個 **cd** 把我們帶回到主目錄。現在假設我們想要找到包含「sesquipedalian」的檔案。下面這樣做是**不對**的：

```
$ grep sesquipedalian text_files        # 這樣不會運作
grep: text_files: Is a directory
```

這裡 **grep** 的錯誤訊息表示 text_file 是一個目錄名稱無法進行比對，因此命令沒有運作，但加上 **-r** 就能解決：

```
$ grep -r sesquipedalian text_files
text_files/foo/long_word.txt:sesquipedalian
```

因為在搜尋檔案時，我們通常不太關心大小寫，所以我建議在進行 grep 遞迴搜尋時養成習慣添加 **-i** 選項，具體如下：

```
$ grep -ri sesquipedalian text_files
text_files/foo/long_word.txt:sesquipedalian
```

有了 **grep -ri**，我們現在可以在任意深度的目錄層次中找到我們想要的字串了。

4.4.2 練習

1. 建立 1 個名為 **foo** 的目錄，並在其中建立 1 個名為 **bar** 的子目錄，然後將子目錄重新命名為 **baz**。

2. 複製 **text_files** 目錄下所有檔案 (包含其目錄結構)，到 **foo** 目錄中。

3. 將 **text_files** 裡的所有檔案 (不包括目錄) 複製到 **bar** 中。

4. 使用 1 個命令刪除 **foo** 及其內容。

4.5 小結

本章重要的命令都整理在表格 4.1 中。

表格 4.1：第 4 章重要命令

命令	描述	範例
mkdir \<name>	建立以「name」為名稱的目錄	$ mkdir foo
pwd	列印目前工作目錄	$ pwd
cd \<dir>	改變到 \<dir>	$ cd foo/
cd ~/\<dir>	cd 相對於主目錄	$ cd ~/foo/
cd	切換至主目錄	$ cd
cd -	回到上 1 層目錄	$ cd && pwd && cd -
.	目前的目錄	$ cp ~/foo.txt .
..	返回上 1 層目錄	$ cd ..
find	尋找檔案和目錄	$ find . -name foo*.*
cp -r \<old> \<new>	遞迴複製	$ cp -r ~/foo .
rmdir \<dir>	移除 (空的) 目錄	$ rmdir foo/
rm -rf \<dir>	移除資料夾及其內容	$ rm -rf foo/
grep -ri \<string> \<dir>	遞迴搜尋 (不區分大小寫)	$ grep -ri foo bar/

4.5.1　練習

1. 從你的主目錄開始，執行單個命令列命令以建立 1 個名為 **foo** 的目錄，進入其中，建立 1 個包含「baz」內容的檔案 **bar**，列印出 bar 的內容，然後回到你原來的目錄。提示：按照延伸學習 4.2 中描述的方式組合命令。

2. 當你再次執行先前的命令時會發生什麼事？有多少個命令被執行？為什麼？

3. 解釋為什麼命令 **rm -rf /** 非常危險，為什麼再怎樣好奇也不應該在終端視窗輸入？

4. 如何讓先前的命令變得更加危險？提示：請參見延伸學習 4.1。(這個命令太危險了，甚至不應該想它，更不應該輸入它。)

4.6　總結

恭喜！你已經正式學會了足夠的命令列知識，讓你具備了一定的競爭力。當然，這僅僅是通往卓越命令列 (延伸學習 4.3) 和軟體開發魔法的漫長旅程中的一步。當你繼續這段旅程的時候，你可能會發現學習電腦魔法是令人興奮和充滿活力的，但也可能很困難。實際上，或許你已經發現了這個事實，無論是準備邁向自我鑽研的路上，或是還跟著第 1 篇內容的指引。對於那些希望繼續前進的勇敢魔術師，我提供以下建議：

1. 讀完本書

2. 增加網頁基礎知識

3. 學習應用程式開發

MEMO

_____

_____

_____

_____

_____

_____

_____

_____

_____

第二篇 文字編輯器

5

Chapter

文字編輯器簡介

本書的第 2 篇要介紹對於 IT 技術人來說可能是最重要的工具之一 (延伸學習 1.1)：文字編輯器 (圖 5.1) ，這對提升電腦技能非常關鍵。

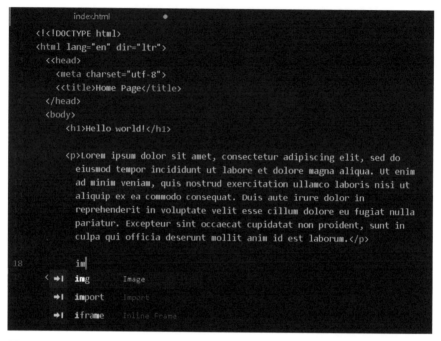

圖 5.1：文字編輯器

本書的第 2 篇並非只是特定某一種文字編輯器的操作說明，而是廣泛介紹文字編輯器這類應用程式大致上的功能讓你知道 [註1]。因為這些編輯器通常是給專業人士使用，許多教學文章會假設讀者已具豐富經驗，但如同前面所述，本書不做這種假設。你唯一要具備的是對 Unix 命令列有基本的了解，也就是本書前幾章所講解的內容 [註2]。

註1. 就如同手機有不同的系統廠牌，各自都有專屬的操作方法，雖然內建的設定與操作步驟會有所不同，但是大致上不會有太大的差異。文字編輯器也是一樣，不同的開發者提供的文字編輯器軟體介面及支援功能會有所不同，但就編輯程式碼的功能來說，不會有太大的差別。

註2. 因為我們將從命令列啟動 Vim，而且一些範例涉及自定義和擴充命令列執行的 shell 程序。

　　與製作書面檔案的大多數程式（如文書處理器和電子郵件客戶端）不同，文字編輯器是專門設計用於編輯純文字的應用程式（常稱為「文本」）。學習使用文字編輯器非常重要，因為在現代化的運算中，純文字無所不在，它被用於程式碼、標記、設定檔案和許多其他東西[註3]。純文字意指無格式或格式不重要的文本，不區分*斜體*、**粗體文字**、字體大小和字體類型等等 —— 只注重*內容*。例如，上一行有包含不同的特殊格式，但這段文字的原始碼依舊是純文字，如範例 5.1 中所示[註4]。

範例 5.1：書中句子的 HTML 原始碼

純文字意指無格式或格式不重要的文本，不區分****斜體****、****粗體文字****、**\<small>**字體大小**\</small>**和**\<code>**字體類型**\</code>**等等 **\—**只注重****內容****。

　　在範例 5.1 中，格式選項透過特殊標記指定（例如 HTML 強調標記 **\…**），而不是更改文本本身的外觀[註5]。這就是為什麼像 Word 這種你更熟悉的文書處理軟體不適合編輯純文本的主要原因 (延伸學習 5.1)。

延伸學習 5.1：文書處理器 vs. 文字編輯器

　　即使你從未使用過文字編輯器，卻很可能使用過類似的工具：文書處理器。文書處理器的功能與文字編輯器有很大重疊，例如：它們都允許你建立檔案，尋找、取代、剪下、複製、貼上檔案並儲存其結果。主要的差異在於文書處理器通常是基於「所見即所得 (What You See Is What You Get)」(WYSIWYG，發音為「WIZ-ee-wig」)的原則設計，能直接顯示如*強調*或**加粗**之類的效果，無需使用\強調\或**加粗**的純文本標記。大多數文書處理器以專有格式儲存檔案，有時會出現版本不相容問題 (例如用新版 Word 軟體開啟舊版 Word 的檔案可能會出現問題)。

接下頁

註3. 想深入了解文字的力量，可參閱文章「always bet on text」(https://graydon2.dreamwidth.org/193447.html?HN2)。

註4. 從技術上來說，範例 5.1 出現的長破折號 (&mdash)「—」是一個原始 Unicode 字符，而不是 ——，但效果相同且後者更明顯。

註5. 顯示的格式由各個應用程式自行決定。例如，HTML 設計用於網頁瀏覽器 (如 Chrome 和 Safari) 生成和顯示，通常會使用斜體字顯示強調的文字。

相較之下，純文字是一種最普遍且歷久不衰的格式。而文字編輯器專為編輯純文字設計，它們提供針對技術使用者的功能，例如程式碼語法突顯表示（第 7.2.1 節）、自動縮排（第 7.2.3 節）、支援常規表達式（第 7.4.3 節），以及透過套件和程式碼片段進行客製化（第 7.5 節）。因此，優秀的文字編輯器是每個技術人員的必備工具。

圖 5.2：為什麼不能用 Microsoft Word 編輯純文字？

延續第 1 篇，第 2 篇會從 Vim 編輯器（第 5.1 節）的介紹開始，它能直接在終端機視窗中執行。Vim 能讓我們看到文字編輯器中最重要的幾個功能示範，但對於初學者來說它可能過於複雜。因此，在本書中我們只會介紹入門基礎操作。接著介紹更強大的文字編輯器功能，我們會以 Atom 來做示範，並讓你大致了解其他常見文字編輯器，包括 Sublime Text、Visual Studio Code，以及雲端 IDE 的相關概念 [註6]。

註6. 有些開發者選擇使用整合開發環境 (IDE)，但每個 IDE 都整合文字編輯器的功能，所以本書依舊適用。

本書涵蓋的 Unix 作業系統幾乎包括所有你聽過的系統（如 macOS、iOS、Android、Linux 等），但並不包括你最熟悉的 Microsoft Windows。雖然我們提及的所有編輯器都可以在 Windows 下執行，多數編輯器也都有推出 Windows 版本，但還是建議 Windows 使用者按照第 A.3.3 節中的步驟設置一個 Linux 相容的開發環境，或者使用第 A.2 節中討論的基於 Linux 的雲端 IDE。

本書強調學習最基礎的使用方式，無論你最終選擇使用哪種文字編輯器，都不會因為選擇不同編輯器而需要重頭學習。隨著經驗增加，你將逐漸掌握如何利用編輯器完成任務。不必堅持一次掌握全部內容，即使只使用部分的技巧，也會因為持續的使用而提升能力 (延伸學習 5.2)。

延伸學習 5.2：技術成熟度 (Technical Sophistication)

「技術成熟度」這個詞語，在第 1 篇（延伸學習 1.4）中曾被提到，指的是使用電腦和其他技術工具的能力。這包括現有的知識（例如熟悉文字編輯器和 Unix 命令列）和學習新知識的能力，如 xkcd 的「Tech Support Cheat Sheet」(https://m.xkcd.com/627/) 中所示。與程式設計和版本控制等「硬實力」不同，技術的「軟實力」更為抽象，很難直接傳授，但對於要與電腦程式設計師共事或成為程式設計師，這是至關重要的基本能力。

在文字編輯器中，技術成熟度包括理解功能選單、使用幫助選單發現新命令、學習鍵盤快捷鍵等。它還有需要使用者自行融會貫通的部分。例如，熟練的使用者不會因為書上說要使用 ⌘ + Z 來撤銷某些操作，而他們看到系統上顯示 ^Z，就不知道該如何操作，或不知道兩者具有相同功能。同樣的，他們也不會因鍵盤上沒有 ⌘ 就不知道該用什麼按鍵代替，因為他們知道可以先去找像表格 1.1 這樣的內容（或者直接在 Google 上搜尋「Mac 特殊鍵」）。或許在技術成熟度中最重要的是一種態度——面對混亂時擁有自信和進取的精神，這是非常值得培養的。

在本篇其他的內容中，每當我們遇到可以磨練技術的問題時，都會回到這個延伸學習。等經驗增加後，你也能成為「Tech Support Cheat Sheet」(xkcd) 中的電腦高手（延伸學習 1.1）。(警告：你可能需要一件新 T 恤 (圖 5.3)。)

圖 5.3：適合技術成熟者的 T 恤

5.1 Vim 基本操作

　　vi 編輯器的歷史可追溯至 Unix 剛出現時期，而 Vim 是其更新版本，代表著「Vi IMproved (Vi 改進版)」。Vim 絕對是一個功能完善的文字編輯器，許多開發者會用它來進行日常的編輯需求，但要精通 Vim 的門檻很高，需要大量客製化和一定程度的技術才能充分發揮其潛力。Vim 的命令艱澀難記，且其快捷鍵設置與鍵盤原始設定的快捷鍵不同，使得 Vim 難以學習和記憶。因此，我不建議初學者選擇 Vim 作為日常使用的文字編輯器。但是我仍然認為學習 Vim 最基本的操作是必要的，因為 Vim 非常普及、幾乎每個 Unix-like 系統上都存在，意味著如果你 ssh 到全世界任何一個伺服器，都有 Vim 可以用。

本章只介紹最基本的 Vim 操作，不過已足以應付諸如編輯小型設定檔案或 Git 提交等簡單任務 [註7]。雖然這樣沒辦法讓你真正精通 Vim，但考慮到 Vim 普遍被認為難以學習，因此就算只會一點皮毛，也足夠讓朋友、老手 (或工作面試官) 印象深刻 (**編註**：知道本書列的一些 IT 黑話或特殊符號的念法也有同等效果)。

⚡ **注意**：如果你使用的是 macOS 系統，此時應該要遵循延伸學習 2.3 中的指示進行操作。

5.2 啟動 Vim

Vim 不像稍後第 6 章中介紹的大部分新編輯器採用圖形介面，而是可以直接在終端視窗中執行 [註8]。你只需要在 prompt 提示字元輸入 **vim** 即可。

```
$ vim
```

執行 **vim** 命令的基本介面顯示在範例 5.2 和圖 5.4 中。不論範例還是圖片皆顯示不少波浪號 (~)，這些波浪號不是檔案內容，而是用來表示空白行的符號，至於畫面上 ~ 之後的內容算是軟體的標題畫面，並沒有被當作文字輸入進檔案裡，為了以示區別，因此在最前標示波浪號，代表該行後面空白的意思。

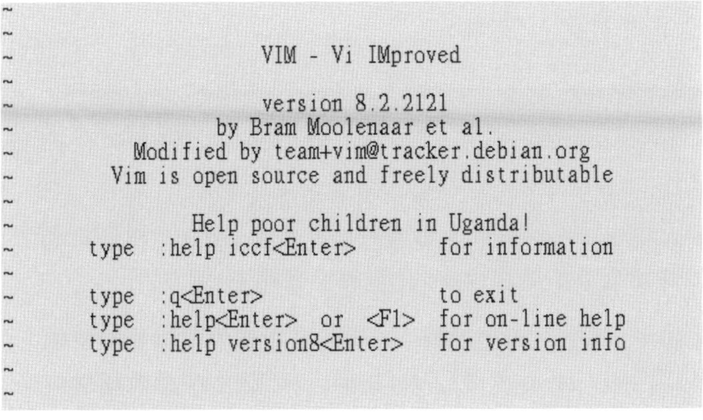

```
~
~                      VIM - Vi IMproved
~
~                       version 8.2.2121
~                     by Bram Moolenaar et al.
~               Modified by team+vim@tracker.debian.org
~             Vim is open source and freely distributable
~
~                    Help poor children in Uganda!
~            type  :help iccf<Enter>        for information
~
~            type  :q<Enter>                to exit
~            type  :help<Enter>  or  <F1>   for on-line help
~            type  :help version8<Enter>    for version info
~
~
```

圖 5.4：Vim 在終端視窗中執行的標題畫面

註7. 更多細節請見第 3 篇。

註8. Vim 與第 1 篇的命令列教學完美契合。

範例 5.2：Vim 視窗的文本介面

```
~
~
~
~
~
~                            VIM - Vi IMproved
~
~                            version 8.2.2121
~                          by Bram Moolenaar et al.
~                    Modified by team+vim@tracker.debian.org
~                    Vim is open source and freely distributable
~
~                        Help poor children in Uganda!
~          type    :help iccf<Enter>        for information
~
~          type    :q<Enter>                to exit
~          type    :help<Enter>             or <F1> for on-line help
~          type    :help version8<Enter>    for version info
```

 我電腦上出現的訊息和 Vim 版本可能與你的不同。

　　Vim 的啟動看似簡單，但之後的操作並沒有那麼容易，除了需要熟悉純鍵盤的操作 (完全用不到滑鼠)，另一個原因在於 Vim 有不同的操作模式，這點與其他編輯器大不相同 (延伸學習 5.3)。Vim 有 2 個主要模式，分別為普通模式和插入模式。普通模式用於進行類似移動檔案、刪除內容或尋找和取代文本的操作，而插入模式則用於文本。

延伸學習 5.3：Vim 的模式切換

當我開始學習 Unix 傳統程式設計 (相較於我孩童時期接觸的 Microsoft DOS、BASIC 和 Pascal) 時，對必須使用十分原始的編輯器感到震驚。當時工作使用的工具是 vi。說它似乎從文字處理系統降級過來，已經算很委婉了 (圖 5.2)。

vi 最讓我震驚的是模式切換，不像文書處理器，vi 不能在視窗中點擊並開始輸入。而是需要使用特定按鍵 (如 i、a、o 等等) 切換到插入模式。不小心按錯幾個鍵，就會讓一切混亂。雖然這些年來出現了更多新的文字編輯器，其設計更接近文書處理器的點擊和輸入方式，但是 vi 和 Vim 持久受歡迎表示學習它的基本技能是有價值的，即使一開始可能會覺得難用。

在普通模式和插入模式之間來回切換可能會造成很多混亂，尤其是因為大多數其他編輯工具 (包括文書處理器、電子郵件客戶端和大多數文字編輯器) 只有插入模式。Vim 特別令人困惑的部分是它預設於普通模式，這意味著如果你在啟動 Vim 之後立即嘗試輸入文本 (如在範例 5.2 中)，會導致混亂。

因為不熟悉 Vim 的模式切換，所以很容易造成混淆，因此我們將以「最重要的那個 Vim 命令」開始學習 Vim。我的一個大學同學是 vi 的支持者，同時也是 Vim 的競爭對手 Emacs 的擁護者 (延伸學習 5.4)，他聲稱「最重要的那個 Vim 命令」也是他唯一想學習的命令。就是：

```
ESC:q!<return>
```

這個命令的意思是「按下 Esc 鍵，然後輸入『冒號 q 驚嘆號』，最後按下 Enter 鍵。」我們接下來會透過練習題來了解它的作用和原因。

延伸學習 5.4：聖戰：vi vs. Emacs

新駭客詞典 (http://www.catb.org/jargon/html/) 定義 holy wars 如下：

holy wars (聖戰)：名詞。

〔來自 Usenet，但可能早於它；常見〕因信念問題而引發的口水戰。Danny Cohen 的論文《論聖戰與和平訴求》甚至在 LSB-first/MSB-first 爭議中推廣了 2 個電腦術語。

早期比較大規模的聖戰包括 ITS vs. Unix、Unix vs. VMS、BSD Unix vs. System V、C vs. Pascal、C vs. FORTRAN 等。時間拉近一點到 2003 年，也有像是 KDE vs. GNOME、vim vs. elvis、Linux vs. 〔Free|Net|Open〕BSD。長期存在的爭論則有 EMACS vs vi 或是我的電腦 vs 別人的電腦等等。聖戰與一般技術爭議的區別在於，聖戰中大多數參與者都花時間嘗試將個人觀點變成客觀事實。這正是因為在真正的聖戰中，雙方之間的實質差異不大，只是觀點不同。

接下頁

正如新駭客詞典條目所述，最長的聖戰之一是由 vi 的支持者和它的頭號對手 Emacs（有時寫作「EMACS」）之間的紛爭，兩者在 Unix 的歷史上都扮演了重要角色，目前仍然各自有很多支持者。不過我自己預測，隨著 Vim 逐漸流行，vi 陣營已經取得了明確的領先優勢。當然，這種說法往往繼續引戰，Emacs 支持者大概會說它們的編輯器有更強大的功能和彈性。

如果你想挑起新的聖戰，可以試著在技術社群中說：「vi 和 Emacs 之間的聖戰總算告一段落了，因為任何有 sense 的人都轉換到 Atom 或 Sublime 新一代的編輯器了。」這將是相當精彩的序幕，可以搬板凳看戲了（圖 5.5）[註9]。

圖 5.5：坐看聖戰的紛爭其實滿有趣的

5.2.1 練習

1. 在終端機中啟動 Vim，然後執行「最重要的那個 Vim 命令」。

註9. 圖片來源為 Cartno Studio/Shutterstock

2. 在終端機中重啟 Vim。在輸入任何其他內容之前，輸入字串「This is a Vim document.」發生了什麼？感到困惑了，對吧？

3. 使用「最重要的那個 Vim 命令」從練習 2 的混亂恢復，並回到正常的命令列 prompt。

5.3 編輯小檔案

現在我們知道了「最重要的那個 Vim 命令」(初期你會不斷使用到它)，我們將透過開啟和編輯一個小檔案來真正學習如何使用 Vim。在 5.2 節中，我們僅單獨執行了 **vim** 命令，但更常見的是結合檔案名作為參數來運行它。讓我們先到系統的主目錄然後使用以下的命令，這條命令將會用 Vim 打開對應的檔案 (如果檔案存在) 或建立它 (如果檔案不存在) [10]：

```
$ cd
$ vim .bashrc
```

這裡的 **.bashrc** 是 Bash 的標準設定檔案 [11]。

如果該檔案在系統上不存在，**vim .bashrc** 命令將在你的系統上自動建立 **.bashrc** 的檔案。這個重要的檔案用於設定 shell，shell 是提供命令列介面的程式，根據我們的環境指的是 Bash，這是一個由多個單字字首組合而成的字，它實際上是寫成 Bourne Again SHell (也可以寫為「Bourne-again shell」)。[12] (回想一下延伸學習 2.3 中提到，macOS 上目前預設的是 Zsh，因此如果你在 Mac 上，還沒有將 shell 切換為 Bash，請按照延伸學習 2.3 的指示操作。)

註10. 技術上來說，除非你儲存檔案 (第 5.4 節)，否則檔案實際上並未建立，但你可以先這樣理解。

註11. 如果想知道「rc」的來由，可以參考 Stack Overflow 的討論 (https://stackoverflow.com/questions/902946/about-bash-profile-bashrc-and-where-should-alias-be-written-in)。

註12. 由於最初的shell程式是 Bourne shell，按照 Unix 的雙關語命名傳統，其後續版本就被稱為「Bourne again」Shell (取其「born Again (再度誕生)」的意思)。

在基於 Unix 的系統中，Bash 的設定檔案通常以 1 個點開頭，如第 2.2 節所述，表示該檔案是隱藏檔。也就是說，使用 **ls** 列出目錄內容時不會顯示，即使在圖形介面的檔案瀏覽器查看目錄也一樣。

我們將在第 5.4 節學習如何儲存這個更改後的檔案，但現在我們只會隨意輸入一些內容充數，以便繼續練習。在第 5.2 節中，我們學習了以普通模式啟動 Vim，讓我們可以更改位置、刪除文本等等。接著我們要進入插入模式以添加一些內容。第 1 步是按下 **i** 鍵插入文字，然後輸入幾行內容（用 **Enter** 鍵分隔），如範例 5.3. 所示。[註13] 如果開啟檔案有看到額外的內容，請自行忽略，它們不影響操作。

範例 5.3：在輸入 i 切換插入模式後添加一些文字

~/.bashrc

```
lorem ipsum
dolor sit amet
foo bar baz
I've made this longer than usual because I haven't had time to make it shorter.
```

在輸入範例 5.3 的文字後，按 **Esc** 鍵來從插入模式切換回普通模式。

現在我們有了幾行文字，可以開始學習一些檔案瀏覽的命令（在第 5.6 節中會介紹特別用於瀏覽大檔案的命令）。最簡單的移動方式就是使用箭頭鍵：**↑**、**↓**、**←**、**→**，這是我推薦的方式 [註14]。Vim 提供了無數種的移動方式，如果你決定將 Vim 作為你的主要文字編輯器，我建議你要多學幾種這方面的命令，但這裡我們只是要稍微體驗一下，因此箭頭鍵就够用了。我認為至關重要的只有 2 個額外的移動命令，也就是移動到開頭和結尾，對應的命令分別是 **0** 和 **$** [註15]。

 數字

註13. 回想一下第 4.1 節，波浪線 ~ 用來表示主目錄，因此範例 5.3 中的標題 *~/.bashrc* 指的是主目錄中的 Bash 設定檔案。

註14. 本格派的 Vim 使用者可能會告訴你，使用 h、j、k、l 來移動是更好的方法，但這需要時間練習才能習慣，對初學者來說不一定比較快。

註15. 這跟你平常在其他環境習慣使用的快捷鍵不同 (在 macOS 上移到開頭應該是 ⌘ + **←**，結尾則是 ⌘ + **→**)，如第 5 章的簡介所述，就是這點讓 Vim 更難學。

5.3.1　練習

1. 使用箭頭鍵將游標移動至範例 5.3 中檔案的第 4 行。

2. 用箭頭鍵移動到第 4 行的結尾和開頭。很麻煩，對吧？所以才有 2 個移動命令可用。

3. 使用文中提到的命令回到第 4 行開頭。

4. 使用文中提到的命令前往第 4 行的結尾。

5.4　儲存和退出檔案

　　現在我們已經稍微了解了如何在文本中移動和插入文字，接下來，我們要學習如何儲存檔案。我們將會建立 1 個很方便的新 Bash 命令，但首先我們要處理目前 Bash 設定檔案的狀態。我們在範例 5.3 中添加的文本對 Bash 來說毫無意義，因此我們想要在不儲存任何更改的情況下直接退出該檔案。由於歷史原因，一些 Vim 命令 (尤其是與檔案操作有關的命令) 以冒號：開頭，包括我們現在要執行的退出命令。通常可以使用 :q Enter 退出檔案，不過這僅限檔案沒有更動才適用，由於我們有修改過檔案內容，因此目前你會看到「No write since last change (更改的內容尚未儲存)」的訊息，如圖 5.6 所示。

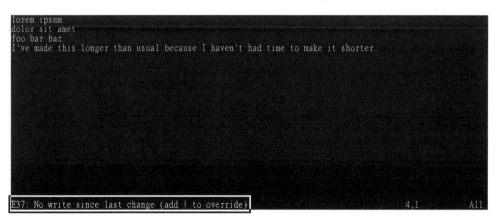

圖 5.6：有更動未儲存而直接離開將會出現警示

此處依照訊息，輸入 :q! Enter 強制結束 Vim 而不儲存任何更改（圖 5.7)，這會讓你回到命令列介面。

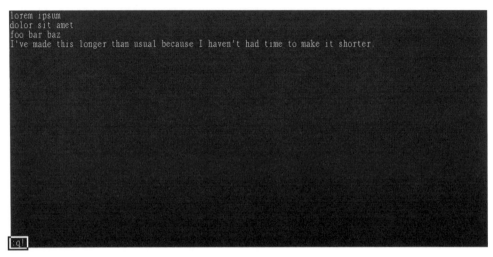

```
lorem ipsum
dolor sit amet
foo bar baz
I've made this longer than usual because I haven't had time to make it shorter.




:q!
```

圖 5.7：強制終止 Vim

你可能已經注意到我們現在已經能夠理解在第 5.2 節介紹的「最重要的那個 Vim 命令」，即使你對檔案做了多麼可怕的事情，只要按下 Esc 鍵退出插入模式 [註16]，然後輸入 :q! Enter (強制退出)，你就可以保證不會造成任何損壞。

當然，如果輸入的內容不儲存下來，那 Vim 就沒辦法發揮作用了，所以讓我們加入一些有用的文本儲存下來。就像第 5.3 節一樣，我們將在 **.bashrc** 檔案上進行編輯，我們將進行的編輯會在 shell 中加入一個 Bash 的 alias，將一組常用命令自行定義成單一個命令，簡化輸入 [註17]。

接下來，我們會將 **ls -hartl** 命令重新定義為較簡單的 **lr** (「list reverse (反向列表)」的縮寫)，此命令會用比較好讀的格式列出檔案和目錄 (例如使用

註16. 在普通模式下按 Esc 鍵不會造成任何影響，所以建議在需要退出時都先按 Esc 鍵。

註17. 要學習如何使用 Zsh 寫 alias，請參閱「Using Z Shell on Macs with the Learn Enough Tutorials」(https://news.learnenough.com/macos-bash-zshell)。總而言之：語法是相同的，唯一的不同是你要編輯另一個名為 **.zshrc** 的檔案，而不是 **.bashrc**。

29KB 取代 29592 Bytes 這樣的表示方式)，同時按更改時間、長格式反向
排序列出所有檔案 (包括隱藏檔)。我們在第 3.1.1 節中的練習中有使用過這
組命令，對於查看最近有哪些檔案和目錄有更動非常有用。經此步驟，原來
比較長的命令：

```
$ ls -hartl
```

可以替換成以下這麼簡潔：

```
$ lr
```

步驟如下：

1. 按下 `i` 鍵進入插入模式。

2. 輸入在範例 5.4 中所示的內容 (在某些系統上，**.bashrc** 檔案可能包含
   一些預設內容，不必理會)。

3. 按 `Esc` 鍵以退出插入模式。

4. 請使用 **:w** `Enter` 來編寫檔案。

5. 請輸入 **:q** `Enter` 退出 Vim 編輯器。

注意：如果出現任何錯誤，你可以按下 `Esc` + `u` 來撤銷前面的步驟。
(大多數的程式都是用 ⌘ + `z` 或 `Ctrl` + `z` 來撤銷，再次印證 Vim 的快捷
鍵「與眾不同」。)

範例 5.4：定義 Bash 的 alias 命令
~/.bashrc

```
alias lr='ls -hartl'
```

將 **lr** alias 添加到 **.bashrc** 檔案中，編輯並退出後，你可能會驚訝地發現
該命令仍然無法執行：

```
$ lr
-bash: lr: command not found
```

這是因為我們需要透過使用 **source** 命令向 shell 更新 Bash 設定檔，如範例 5.5 所示 [註18]。

範例 5.5：透過取得 Bash 設定檔來啟動別名 alias：

```
$ source .bashrc
```

有了這些設定，**lr** 命令應該就可以運作了。

```
$ lr
.
.
.
drwx------+  15 mhartl    staff    510B Sep    4 18:58 Desktop
-rw-------    1 mhartl    staff    13K Sep    4 19:13 .viminfo
-rw-r--r--    1 mhartl    staff    46B Sep    4 19:14 .bashrc
drwxr-xr-x+ 117 mhartl    staff    3.9K Sep    4 19:14 .
```

順帶一提，當我們開啟一個新的終端機分頁或視窗時，.bashrc 檔案會自動 source，所以只有當我們要在目前使用的終端機中，反映修改後的結果時，才需要手動執行 source。

5.4.1　練習

1. 為常用且不分大小寫的 grep 命令 **grep -i** 定義一個 **g** alias。嘗試進行更改後按 Esc 鍵，但不是分別使用 **:w** 和 **:q** 命令，而是執行 **:wq** 命令，會發生什麼情況？

註18.「.」表示 **source** 的簡寫，所以你可以打 **. .bashrc** 得到同樣的結果。(此用法與第 4.3 節所說，用點表示當前目錄無關。)

2. 在第 3.1 節中我們介紹了 **curl** 命令，可以透過命令列與 URL 互動。定義一個 alias，用 **get** 來代表 **curl -OL** 命令，這個命令可以把檔案下載下來 (同時追蹤這個網址的任何轉址)。

3. 使用前 1 個練習中的 alias 來執行範例 5.6 所示的命令，該命令將下載 1 個較長的檔案以供第 5.6 節使用。

範例 5.6：下載 1 個較長的文字檔案以供未來章節使用

```
$ get cdn.learnenough.com/sonnets.txt
```

5.5　刪除內容

　　跟一般文書工具一樣，Vim 也有許多刪除內容的命令，但在本節中，我們只會介紹幾個必要的命令。我們從在普通模式下使用 **x** 命令刪除單字開始：

1. 打開 **.bashrc** 檔案，並插入拼錯的單字 **aliaes**。

2. 按下 Esc 鍵以回到普通模式。

3. 把游標移動到 **aliaes** 中的 **e** (圖 5.8)，然後按下 x 鍵。

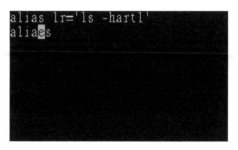

圖 5.8：使用 x 準備刪除 1 個字母

Vim 有很多方法可以刪除文本內容，最簡單的就是一直按 [x] 鍵，連續刪除整個單詞或整行內容 (雖然這樣有點麻煩)。這邊要特別補充說明一下，想一次刪除一整行，我們可以輸入 **dd** 刪除額外添加的 "alias"。瞧！如圖 5.9 應該整行字都會刪掉。你也可以按 [p] 鍵「put」，就可以在你所在位置恢復這一行，這樣可以讓你做到逐行複製和貼上的動作 (再次強調，這只是 Vim 中的一組用法；如果鑽研下去，還有很多更好的方法來完成這些事情)。

跟前頁對照，原來 "alias" 那行被刪掉了

圖 5.9：使用 dd 命令刪除一行的結果

5.5.1　練習

1. 使用 Vim，開啟一個名為 **foo.txt** 的新檔案。

2. 插入字串「A leopard can't change it's spots. (豹無法改變它的斑點)」(圖 5.10)[註19]。

3. 使用 [x] 鍵，刪除你剛輸入的那一行中需要更正的字元。(如果你找不到錯誤，請參考表 5.1。)

4. 使用 **dd** 刪除該行，然後使用 **p** 將其重複貼上到檔案中。

5. 使用 1 個命令儲存檔案並退出。提示：請參閱第 5.4.1 節中的第 1 個練習。

註19. 圖片提供：apoplexia/123rf.com。

圖 5.10:「豹無法改變它的斑點」這個諺語,暗喻某些特質或習慣難以改變

5.6　編輯大規模檔案

　　對於 Vim 的基本操作,最後你需要知道的就是如何瀏覽大型檔案。如果你在第 5.4 節最後的練習中未下載 **sonnets.txt**,請再跟著以下步驟操作一次 (範例 5.7) [20]。

範例 5.7:下載莎士比亞的十四行詩集

```
$ curl -OL https://cdn.learnenough.com/sonnets.txt
```

註20. 如果你已經完成第 6.7.1 節的練習,你可以使用自己設置的 **get** alias 代替 **curl -OL**。

這個檔案包含了莎士比亞十四行詩的全文，共 2620 行，17670 個單字，以及 95635 個字元，我們可以使用單字計數命令 **wc**（第 3.2.1 節）來進行驗證。

```
$ wc sonnets.txt
  2620   17670   95635 sonnets.txt
```

在許多系統上，用 Vim 開啟檔案時都會顯示相同的統計資訊：

```
$ vim sonnets.txt
```

我的系統顯示出的結果如圖 5.11 所示。這個檔案的內容太長了，要手動逐行瀏覽會非常不便。

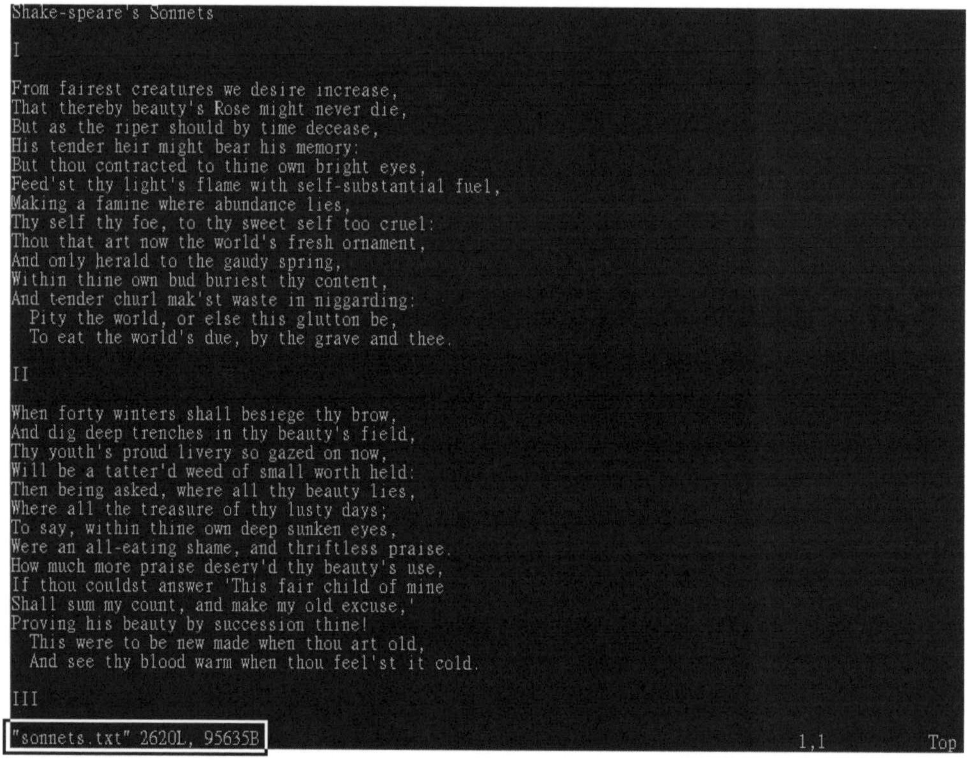

圖 5.11：啟動 Vim 時顯示的一些檔案統計資訊

和之前一樣，Vim 提供了許多瀏覽命令，但我發現其中最常用的分別是：每次移動 1 個頁面、移動到開頭、結尾或搜尋。

❑ 每次移動 1 個頁面的命令是：`Ctrl` + `F` (向前) 和 `Ctrl` + `B` (向後)。

❑ 要移動到檔案結尾，可以使用 **G**，要移動到開頭可以使用 **1G**。

❑ 最後是功能強大的搜尋命令，只要輸入斜線 / 和你要尋找的字串，像是這樣 /<string>，然後按下 `Enter` 鍵。小訣竅是按 `n` 鍵可以跳到下 1 個匹配的項目 (如果有的話)。

這些操作是不是似曾相識，其實這與之前 less 的操作方法是相同的 (第 3.3 節) [21]。這是學習基本 Unix 命令的好處之一：許多操作手法會在不同的場合重複出現。

5.6.1 練習

1. 在 Vim 中打開 **sonnet.txt**，向下移動 3 個頁面，然後向上移動 3 個頁面。

2. 跳到檔案結尾處。最後 1 首十四行詩的最後 1 行是什麼？

3. 回到開頭，將 **sonnets.txt** 第 1 行的舊式名稱「Shake-speare」更改為較現代的「Shakespeare」，並儲存。

4. 使用 Vim 的尋找功能，找出哪一首十四行詩包含羅馬愛神丘比特的參考文獻。

5 確認 **18G** 是否跳到第 1 首十四行詩的最後 1 行。你認為這個命令是做什麼用的？提示：回想一下 **1G** 代表檔案開頭，也就是第 1 行。

註21. 在某些系統上，Vim 和 less 使用上可能會有些微差異。例如，在我的系統上，斜線符號與 less 一起使用時，是有區分大小寫的，但在 Vim 中使用時卻是不區分大小寫的。老話一句，只要運用你該有的技術成熟度 (延伸學習 5.2)，就可以解決各種差異。

5.7 小結

本章重要的命令我們都整理在以下表格 5.1。如果你有興趣想更深入地學習 Vim，可以在搜尋引擎中輸入「learn Vim」或「Vim 教學」來尋找相關資訊。特別推薦互動式 Vim 教學網站 (https://www.openvim.com/)。

表格 5.1：來自第 5 章的重要命令

命令	描述
ESC:q!\<return>	「最重要的那個 Vim 命令」
i	離開普通模式，進入插入模式
ESC	退出插入模式，進入普通模式
箭頭鍵	移動
0	回到開頭
$	移動到結尾
:w\<return>	儲存 (寫入) 檔案
:q\<return>	退出檔案 (需要手動儲存)
:wq\<return>	儲存並退出檔案
:q!\<return>	強制關閉檔案並丟棄任何變更
u	撤銷
x	刪除游標下的字元
dd	刪除 1 行
p	加入 (貼上) 已刪除的文字
it's spots	應該是 its spots
Ctrl-F	前進下 1 個頁面
Ctrl-B	返回上 1 個頁面
G	前往最後 1 行
1G	回到第 1 行
/\<string>	搜尋 \<字串>

5.7.1 練習

1. 開啟 **sonnets.txt**。

2. 移動到最後 1 行。

3. 移動到最後 1 行的末尾。

4. 新增 1 行，寫下「That's all, folks! Bard out. <drops mic>」。記得將游標向右移 1 個空格，這樣才不會動到最後 1 個句點。

5. 儲存檔案。

6. 撤銷你的更改。

7. 將檔案儲存並退出。

8. 重新打開檔案並輸入 **2620dd**。

9. 發現你刪除了整個檔案內容了嗎？趕快運用「最重要的那個 Vim 命令」以確保檔案內容不受影響。

MEMO

_____

_____

_____

_____

_____

_____

_____

_____

6

Chapter

新一代文字
編輯器

學習 Vim 文字編輯器的基本操作後，我們現在可以繼續探索先前提過的「新一代」文字編輯器，包括跨平台本地編輯器，如 Sublime Text (https://www.sublimetext.com/)、Visual Studio Code (VSCode) (https://code.visualstudio.com/) 和 Atom (https://atom.io/)，以及雲端編輯器如 Cloud9 (https://aws.amazon.com/cloud9/)。新一代編輯器的特點是同時具備了強大的功能與易用性：像是全域搜尋和取代等進階功能，而且與 Vim 不同，能夠直接點擊視窗開始輸入。另外，許多新的編輯器 (包括 Atom 和 Sublime) 都提供跟 Vim 類似的操作方式的選項，所以即使你最終愛上了 Vim，你仍然可以使用新的編輯器，而不必完全放棄 Vim。

⚡\TIP/ 此處新一代編輯器的說法是指跟 Vim 對比的結果，目前開發人員所使用的 IDE 多數會加上 AI 生成輔助功能，並不在本書談論的範疇中。小編後續會以 Bonus 電子書的方式補充，或請自行參考 Github Copilot 相關書籍。

本章將探討新一代文字編輯器的功能。涵蓋在 Vim 中遇到的所有主題 (第 5 章)，以及許多更進階的主題，包括打開檔案、移動、選取內容、剪下 / 複製 / 貼上、刪除和還原、儲存和查詢 / 取代等，所有對於日常編輯來說很重要的項目。我們還將討論功能表項目和快捷鍵，這可以幫助你更快、更有效地進行文本編輯。

為了便於參考，表格 6.1 顯示了一般 Mac 和 Windows 系統各個按鍵符號的對應鍵盤上各個按鍵的符號。如果你的鍵盤不同，請善用你的技術成熟度 (延伸學習 5.2)。

表格 6.1：鍵盤符號

Mac 按鍵	符號	Windows 按鍵	符號
Command	⌘ 鍵	Windows 標誌鍵	⊞
Control	^	Control	^
Shift	⇧	Shift	⇧
Option	⌥	Alt	Alt 鍵
方向鍵	↑ ↓ ← →	方向鍵	↑ ↓ ← →
Enter/Return	↵	Enter	↵
Tab	→|	Tab	⇄
Delete	⌫	Delete	Delete 鍵

6.1 選擇文字編輯器

　　雖然目前雲端 IDE 有很多優點，但每位電腦工程師都應該熟悉至少一套可以在電腦本機系統上運行的編輯器。現今最多人使用的大致是 Sublime Text (也可簡稱為「Sublime」)、Visual Studio Code (VScode) 和 Atom [註1]，各有其優缺點。

6.1.1 Sublime Text

優點

1. 功能強大，可自行定義，且易於使用。

2. 可以在「評估模式」下免費使用。

3. 快速且穩健，即使編輯龐大的檔案或專案也不會出現問題。

4. 可以跨平台使用 (Windows、macOS、Linux)。

5. 由商業公司進行維護，技術支援和產品開發能力都有不錯的評價。

缺點

1. 不算是自由軟體。

2. 有 1 個稍微令人煩惱的彈出視窗，只有當你申購正式版後才會消失。

3. 截至本文撰寫時，正式版的費用為 70 美元。

4. 設定命令列工具需要花一些時間調整。

註1. 其他選擇包括 TextMate、NotePad ++、jEdit 和 BBEdit。

6.1.2　Visual Studio Code (VSCode)

優點

1. 擁有許多套件。

2. 免費使用。

3. 快速且功能強大，即使編輯大型檔案或專案也不會有問題。

4. 可跨平台使用 (Windows、macOS、Linux)。

5. 由 Microsoft 負責維護。

缺點

1. 不是開放原始碼。

2. 背後是 Microsoft 在維護。

6.1.3　Atom

優點

1. 功能強大、可自行定義、易於使用。

2. 在「言論自由」和「免費軟體」的雙重意義下自由 (也就是說，它是不需要花錢的開源軟體)。

3. 可以跨平台使用 (Windows、macOS、Linux)。

4. 輕鬆設置命令列工具。

缺點

1. 有報告指出在某些情況下比起 Sublime 或 VSCode 慢。

2. 目前已經停止更新 (官方不再推出新版)。

　　每個編輯器都有各自的優勢，最終的選擇取決於個人的偏好和需求。截至目前我主要使用的日常編輯器是 Sublime Text，我也聽說 VSCode 很棒，但因為 Atom 簡單容易使用且完全免費，我認為它對新手使用者來說可能是最好的選擇。後續我們所介紹的編輯器基本操作技能，幾乎是通用的，如果你學會 Atom 但決定轉換到 Sublime Text 或 VSCode (甚至是雲端 IDE) 進行日常編輯，大部分核心概念都是相同的。

6.1.4　練習

1. 請在你的系統上下載並安裝 Sublime Text、Visual Studio Code 或 Atom 中的任何 1 個。

6.2　開始

　　我們將啟動編輯器並打開檔案。讓我們從網路下載 1 個樣本檔案 **README.md** 來開始。如第 5.6 節所述，我們將使用 **curl** 命令在命令列下載檔案：

```
$ curl -OL https://cdn.learnenough.com/README.md
```

　　如 **.md** 副檔名所示，下載的檔案是用 Markdown 寫的，Markdown 可以易於轉換為 HTML (網頁格式，又易於閱讀的標記語言)。下載 **README. md** 後，我們可以在編輯器中打開它。

在 Atom 中開啟 **README.md** 的結果應該類似圖 6.1 或圖 6.2。如果這是你第 1 次打開 Atom，可能還會看到 1 次性的歡迎畫面，通常可以直接關掉 (作者希望你應用延伸學習 5.2 自行判斷如何處理)。圖 6.1 顯示預設「自動換行」是關閉的。這對於 Markdown 檔案來說可能不是最好的設定，因為 Markdown 檔案的內容通常是一個個段落，同個段落不換行會變成很長一行，很容易超出畫面不好閱讀，因此我建議使用圖 6.3 中顯示的選單項打開自動換行 (在 Atom 中稱為「soft wrap (軟換行)」)。

圖 6.1：關閉自動換行的樣本檔案

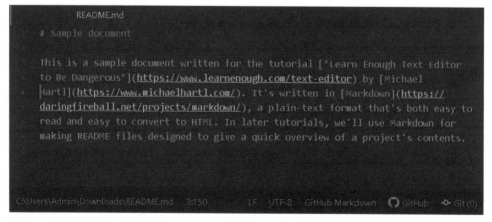

圖 6.2：開啟自動換行的範例檔案

Toggle Full Screen	F11
Toggle Menu Bar	
Panes	▶
Developer	▶
Increase Font Size	Ctrl + Shift + =
Decrease Font Size	Ctrl + Shift + -
Reset Font Size	Ctrl + 0
Toggle Soft Wrap	
Toggle Command Palette	Ctrl + Shift + P
Toggle Git Tab	Ctrl + Shift + 9
Toggle GitHub Tab	Ctrl + Shift + 8
Open Reviews Tab [Alt+G R]	
Toggle Tree View [Ctrl+K Ctrl+B]	

圖 6.3：切換自動換行的選單項目

在一些編輯器中，例如 Cloud9 的雲端 IDE，比較常使用圖形化的檔案瀏覽器來開啟檔案（也可以在命令列透過 **c9** 命令中打開檔案）。如圖 6.4 在檔案瀏覽器中，雙擊 **README.md** 即可在 Cloud9 的編輯器開啟該檔案，開啟的結果如圖 6.5 所示。

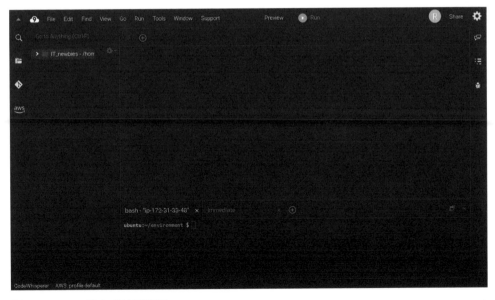

圖 6.4：Cloud9 檔案系統瀏覽器

圖 6.5：在 README.md 上雙擊後的 Cloud9

　　圖 6.6 展示了在點擊關閉側邊顯示檔案路徑的檔案瀏覽器後，我們能夠看到如圖 6.1 一樣的問題，內容不斷地延伸到螢幕外。可以使用「View」>「Wrap Lines」來解決此問題，如圖 6.7 中所示。

圖 6.6：關閉自動換行的 Cloud9

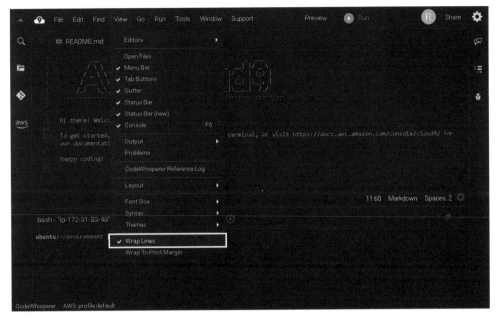

圖 **6.7**：在 Cloud9 上啟用自動換行功能

6.2.1　突顯語法

　　從圖 6.2 中，你可能已經注意到 Atom 用不一樣的顏色顯示檔案不同的部分。Atom 會使用比正文更淺的顏色來顯示方括號內的字元 **[ ]**（代表 HTML 連結的文字），若是 Cloud9 則會使用綠色來顯示。這是一種稱為突顯語法的做法，讓我們更容易用視覺來區分不同類型的字元。

⚡
注意　請注意，這個顯示方式僅提供我們方便辨識，電腦仍將其視為純文字。

　　你可能想知道 Atom 和 Cloud9 是如何知道使用哪種突顯語法方式的。答案是它們從檔案類型的副檔名（在這種情況下是 Markdown 的 **.md**）推斷檔案格式。你也可以發現，不同編輯器的突顯效果是不一樣的，主要是顏色略有不同，我個人覺得 Cloud9 的綠色比較明顯：

```
# Sample document
```

和像這樣的連結有不同的顏色：

```
[Michael Hartl](http://michaelhartl.com/)
```

我們將在第 6.7 節，尤其是第 7.2 節看到更多明顯的突顯語法範例。

6.2.2 預覽 Markdown

本節最後我還想補充一個技巧，包括 Atom 在內的一些編輯器能夠將 Markdown 以 HTML 的形式進行預覽。我們可以試試看如何實現這一功能，可以點擊 Help 選單並搜尋「Preview (預覽)」(圖 6.8)。結果會找到一個內建的 package 稱作 Markdown Preview，它能夠把 Markdown 轉換成 HTML 並顯示結果，如圖 6.9 所示。在這種情況下，擴大視窗寬度會更方便查看，因為這樣程式碼和預覽都能有足夠的空間，如圖 6.10 所示。這可以通過將滑鼠游標移到 Atom 視窗的一側，當出現雙箭頭圖示後，拖動以擴大視窗大小來實現。

圖 6.8：使用 Help 選單搜尋預覽 Markdown 的方法

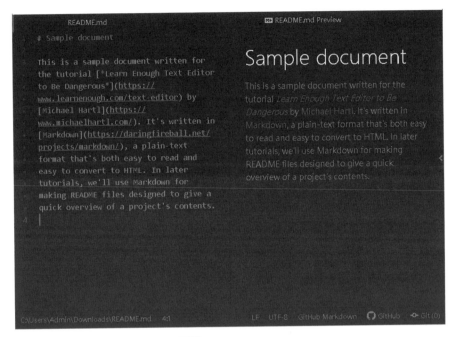

圖 6.9：在 Atom 中的 Markdown 預覽

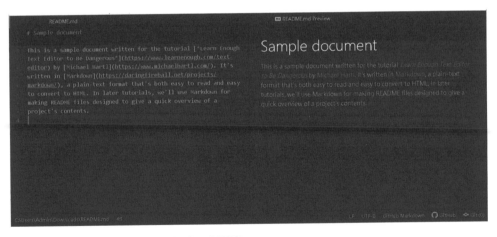

圖 6.10：使用更大的視窗來顯示程式碼和預覽

6.2.3 練習

1. 上網找一個在網頁瀏覽器中執行的 Markdown 預覽器,並使用它來預覽 **README.md**。結果與圖 6.9 相比如何?

2. 建立一個名為 **lorem.txt** 的新檔案,並輸入範例 6.1 中顯示的文字。結果有突顯語法嗎?

3. 建立一個名為 **test.py** 的新檔案,並輸入範例 6.2 所示的文字。結果有突顯語法嗎?

範例 6.1:一些 Lorem Ipsum 文字

~/lorem.txt

```
Lorem ipsum dolor sit amet
```

範例 6.2:測試檔案

~/test.py

```
print('hello world')
```

6.3 移動

新一代的編輯器,移動的方式通常和你平常使用的應用程式一樣,也就是直接用方向鍵或滑鼠移動就可以,而不像 Vim 是透過輸入命令來移動 (第 5 章小結的表格 5.1)。

在 Atom 中打開第 5.6 節的大檔案，該檔案包含莎士比亞十四行詩的完整文本，結果顯示在圖 6.11 中。請注意，圖 6.11 展示了 **sonnets.txt** 在它自己的分頁中，而來自第 6.2 節的 **README.md** 使用了另一個分頁。你的分頁結果可能會跟圖片有所不同，我們將在第 7.4 節進一步討論分頁，你會更清楚相關的操作。

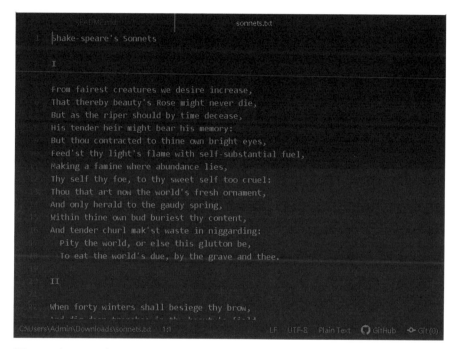

圖 **6.11**：在 Atom 中開啟 Shakespeare 的十四行詩集

如前所述，新的編輯器可以使用滑鼠或觸控板來移動，具體來說像是：在點擊後使用滑鼠滾輪移動、用多點觸控手勢在觸控板上進行移動，或用游標點擊並拖曳捲軸。在 Atom 中，最後 1 個功能（截至本文撰寫時）非常微妙，因此圖 6.12 顯示了 Sublime Text 的捲軸。圖 6.12 還顯示了在圖 6.10 中簡單提到的類似雙視窗的檢視，我們將在第 7.4 節中進一步討論。

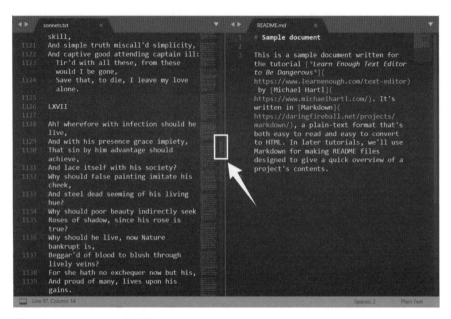

圖 6.12：Sublime Text 的捲軸

除了使用滑鼠或觸控板，我也喜歡使用方向鍵來移動，通常配合 Command ⌘ 使用。我自己編輯文字時，很常使用 ⌘ + ← 鍵和 ⌘ + → 鍵來移動到行首和行尾，而 ⌘ + ↑ 鍵和 ⌘ + ↓ 鍵則是移動到檔案的開頭和結尾。移動到 **README.md** 行尾的範例見於圖 6.13，移動到 **sonnets. txt** 檔案結尾的範例見於圖 6.14。

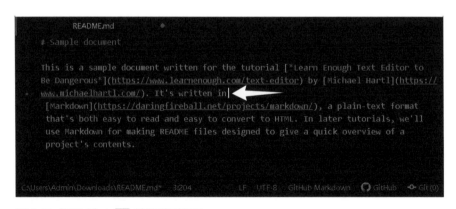

圖 6.13：使用 ⌘ + → 鍵移動到行尾

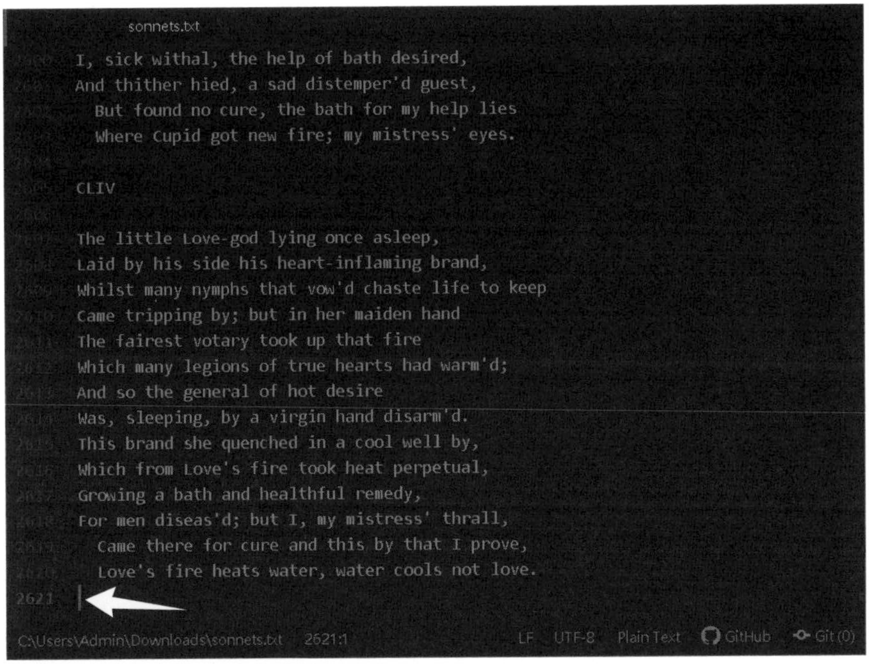

圖 6.14：使用 ⌘ + ⬇ 鍵來移動至檔案的結尾

6.3.1 練習

1. 在你的文字編輯器中，如何每次向左或向右移動 1 個單詞？提示：在
某些系統中，option 鍵 (⌥) 可能會有所幫助。

2. 在 **README.md** 檔案中，使用任何你想要的技巧移至倒數第 2 行的最
後 1 個非空白行。然後，移至該行開頭的第 3 個單字。

3. 如何跳轉至特定行數？使用這個命令來跳轉至 **sonnets.txt** 的 293 行，
查看十四行詩中提到的「狂風 (Rough winds)」會造成什麼後果？

4. 在 **sonnets.txt** 的最後 1 個非空白行上按 ⌘ + ➡ 鍵然後按 ⌘ + ⬅
鍵，顯示 ⌘ + ⬅ 鍵實際上一旦遇到空格就會停止，結果如圖 6.15 所
示。如何到達該行的真正開頭？

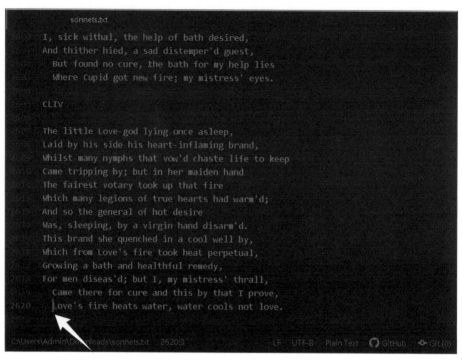

圖 6.15：在使用 ⌘ + ⬅ 鍵時，游標會停在空格上

6.4 選取文字

選取文字是一個重要的技能，尤其是在進行刪除或取代內容，剪下、複製和貼上（第 6.5 節）之前，都需要先選取文字。本節中使用的這些選取技巧通常與第 6.3 節中介紹的移動命令緊密相關，並且這些概念在多種應用程式中都是通用的，而不僅限於文字編輯器。

就像新一代編輯器可以輕鬆地使用滑鼠移動遊標一樣，它們也可以輕鬆地使用滑鼠選取文字。只需按一下並拖動滑鼠游標，如圖 6.16 所示。另一個密切相關的技術是點擊一個位置，然後 Shift + 點擊另一個位置以選取中間的所有文字。

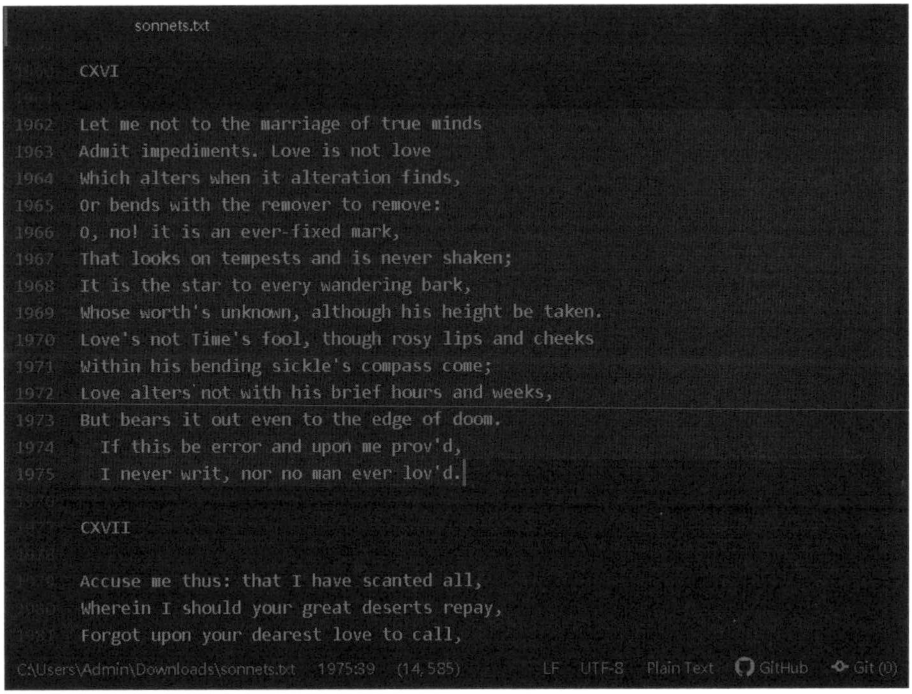

```
                    sonnets.txt

          CXVI

     1962   Let me not to the marriage of true minds
     1963   Admit impediments. Love is not love
     1964   Which alters when it alteration finds,
     1965   Or bends with the remover to remove:
     1966   O, no! it is an ever-fixed mark,
     1967   That looks on tempests and is never shaken;
     1968   It is the star to every wandering bark,
     1969   Whose worth's unknown, although his height be taken.
     1970   Love's not Time's fool, though rosy lips and cheeks
     1971   Within his bending sickle's compass come;
     1972   Love alters not with his brief hours and weeks,
     1973   But bears it out even to the edge of doom.
     1974     If this be error and upon me prov'd,
     1975     I never writ, nor no man ever lov'd.|


          CXVII

          Accuse me thus: that I have scanted all,
          Wherein I should your great deserts repay,
          Forgot upon your dearest love to call,

  C:\Users\Admin\Downloads\sonnets.txt   1975:39   (14, 585)      LF   UTF-8   Plain Text    GitHub    Git (0)
```

圖 6.16：點擊並拖曳滑鼠游標的結果

6.4.1 選取 1 個單詞

選取文字時，有一些特殊情況要特別提出來說明。我們首先會介紹一些選取 1 個單詞的技巧：

❑ 用滑鼠游標點擊並拖曳選取單字。

❑ 用滑鼠雙擊該單字。

❑ 請按 ⌘ + D 鍵 (與系統相關，你的鍵盤快捷鍵可能不同)。

6.4.2　選取單行

　　另一種技巧，特別是在編輯類似電腦程式碼（或十四行詩）這類內容是一行一行的檔案時，常會需要選取整行或多行。我們先從選取單行的方法開始：

❑ 點選行首並拖曳游標到行尾。

❑ 點擊該行的末端，並拖動游標到開頭。

❑ 按 ⌘ + ← 鍵（兩次）可移到行首，然後按 ⇧ ⌘ + → 鍵選取到行尾。

❑ 按 ⌘ + → 鍵移動到行尾，然後按 ⇧ ⌘ + ← 鍵（兩次）選取到行首。

6.4.3　選取多行

　　一次選取多行的技巧也很常用：

❑ 用滑鼠游標點擊並拖曳選取單詞／行。

❑ 按住 Shift 鍵並移動上下方向鍵（⇧ + ↑ 和 ⇧ + ↓）。

　　我個人最常用的技巧是按下 ⌘ + ← 鍵到達我想要選取的第 1 行的開頭，然後重複按下 ⇧ + ↓，直到我選取完成所有的行（圖 6.17）。（正如第 6.3.1 節所述，在許多編輯器中，⌘ + ← 鍵會停於空格上，因此要移到行的開頭實際上需要連續使用 ⌘ + ← 鍵 2 次。

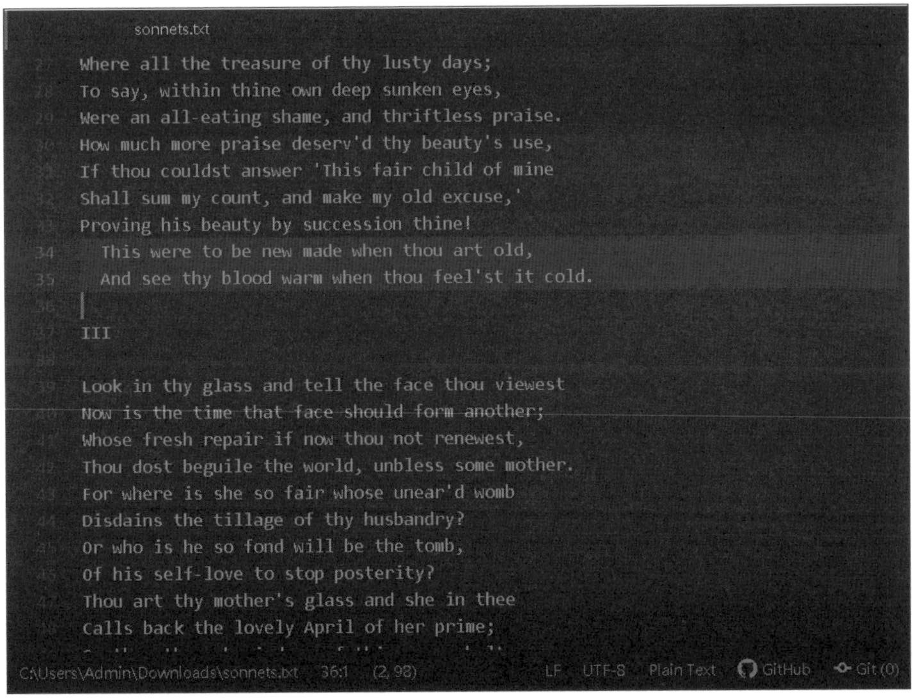

```
                    sonnets.txt
      Where all the treasure of thy lusty days;
      To say, within thine own deep sunken eyes,
      Were an all-eating shame, and thriftless praise.
      How much more praise deserv'd thy beauty's use,
      If thou couldst answer 'This fair child of mine
      Shall sum my count, and make my old excuse,'
      Proving his beauty by succession thine!
   34    This were to be new made when thou art old,
   35    And see thy blood warm when thou feel'st it cold.

      III

      Look in thy glass and tell the face thou viewest
      Now is the time that face should form another;
      Whose fresh repair if now thou not renewest,
      Thou dost beguile the world, unbless some mother.
      For where is she so fair whose unear'd womb
      Disdains the tillage of thy husbandry?
      Or who is he so fond will be the tomb,
      Of his self-love to stop posterity?
      Thou art thy mother's glass and she in thee
      Calls back the lovely April of her prime;

   C:\Users\Admin\Downloads\sonnets.txt    36:1    (2, 98)         LF   UTF-8   Plain Text   ⬡ GitHub   ⬥ Git (0)
```

圖 6.17：使用 ⌘ + ← 鍵和 + ↓ 選取莎士比亞詩的連韻詩句

6.4.4 選取整個文件

最後，有時能夠一次選取整份文件是很方便的。為此，有兩種主要的技巧：

❏ 使用名為「全選」或類似的選單項目，詳細資訊視編輯器而定；圖 6.18 顯示了在 Sublime Text 中使用 Selection 選單的方法，而圖 6.19 則顯示了在 Atom 中使用 Edit 選單的方法。

❏ 按 ⌘ + A 鍵。

Split into Lines	Ctrl+Shift+L
Add Previous Line	Ctrl+Alt+Up
Add Next Line	Ctrl+Alt+Down
Single Selection	Escape
Invert Selection	
Select All	Ctrl+A
Expand Selection to Line	Ctrl+L
Expand Selection to Word	Ctrl+D
Expand Selection to Paragraph	
Expand Selection to Scope	Ctrl+Shift+Space
Expand Selection to Brackets	Ctrl+Shift+M
Expand Selection to Indentation	Ctrl+Shift+J
Expand Selection to Tag	Ctrl+Shift+A

圖 6.18：使用選取選單 (Sublime Text) 選取整個檔案

Undo	Ctrl + Z
Redo	Ctrl + Y
Cut	Ctrl + X
Copy	Ctrl + C
Copy Path	Ctrl + Shift + C
Paste	Ctrl + V
Paste Without Reformatting	Ctrl + Shift + V
Select All	Ctrl + A
Toggle Comments	Ctrl + /
Lines	▶
Columns	▶
Text	▶
Folding	▶
Reflow Selection	Ctrl + Shift + Q
Bookmark	▶
Select Encoding	Ctrl + Shift + U
Go to Line	Ctrl + G
Select Grammar	Ctrl + Shift + L

圖 6.19：使用編輯選單 (Atom) 選取整個文檔

從圖 6.18 的註記可以看到，選單實際上會顯示相對應的命令 ⌘ / Ctrl + A 鍵。多參考選單上提示的快速鍵，可以學到更多技能，隨著時間的推移，這將使你的文字編輯工作更加有效率。

6.4.5 　練習

1. 請點擊莎士比亞的第 2 首十四行詩，先從開頭點一下再按住 Shift 鍵點擊結尾。

2. 使用 ⌘ + ↑ 鍵和 ⇧ ⌘ + → 鍵 (或適用於你系統的對應鍵) 選取檔案的第 1 行，然後移動到開頭的地方。

3. 刪除先前練習中的選取項目 (使用刪除鍵)。

4. 在 **README.md** 中選取「document」一詞，將其替換為「README」。

6.5　剪下、複製、貼上

　　剪下 / 複製 / 貼上是編輯文字時最有用的操作之一，特別是當透過方便易用的鍵盤快捷鍵 ⌘ + X 鍵 / ⌘ + C 鍵 / ⌘ + V 鍵來執行時。(剪下 / 複製 / 貼上也可在選單裡使用 (圖 6.20)，但這些操作太常用了，我強烈建議馬上學習使用快捷鍵)。儘管只有 ⌘ + C 鍵是有意義的 (「C」代表「Copy」)，但這些按鍵都排列在 QWERTY 鍵盤底部的 3 個按鍵上，使其易於組合或快速連續使用 (圖 6.21)。

Undo	Ctrl + Z
Redo	Ctrl + Y
Cut	**Ctrl + X**
Copy	Ctrl + C
Copy Path	Ctrl + Shift + C
Paste	Ctrl + V
Paste Without Reformatting	Ctrl + Shift + V
Select All	Ctrl + A
Toggle Comments	Ctrl + /
Lines	▶
Columns	▶
Text	▶
Folding	▶
Reflow Selection	Ctrl + Shift + Q
Bookmark	▶
Select Encoding	Ctrl + Shift + U
Go to Line	Ctrl + G
Select Grammar	Ctrl + Shift + L

圖 6.20：剪下/複製/貼上選單項目 (不應使用)

圖 6.21：標準 QWERTY 鍵盤上的 XCV 鍵

　　使用「剪下」或「複製」功能之前，必須先選取需要的文字（第 6.4 節），再按 ⌘ + X 鍵以進行剪下或按 ⌘ + C 鍵以進行複製。當使用 ⌘ + C 鍵進行複製時，所選文字會被放置在緩衝區（暫時記憶區）內；將游標移至想要貼上的位置（第 6.3 節）後，再按 ⌘ + V 鍵即可將內容貼過去。⌘ + X 鍵的操作方式和 ⌘ + C 鍵相同，只是會先將所選文字從文件中移除，然後再將其複製到緩衝區內。

　　以一個具體的例子來說，讓我們從示範 README 檔案 **README.md** 中選取 1 個 Markdown 連結，就像圖 6.22 所示。使用 ⌘ + C 鍵複製後，我們可以連續按 ⌘ + V 和 Enter 鍵數次（其中間要換行），多次貼上該連結，如圖 6.23 所示。最後，圖 6.24 顯示了從內容中剪下 **README** 並在檔案結尾貼上的結果。

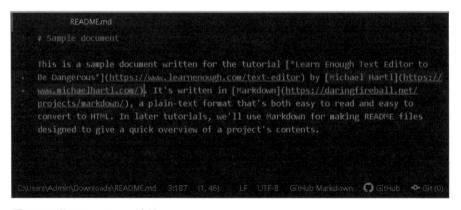

圖 6.22：選取 Markdown 連結

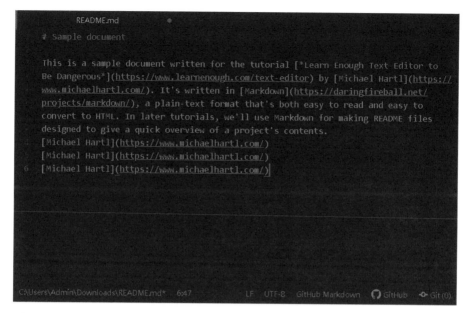

圖 6.23：貼上連結文字多次 (中間有換行)

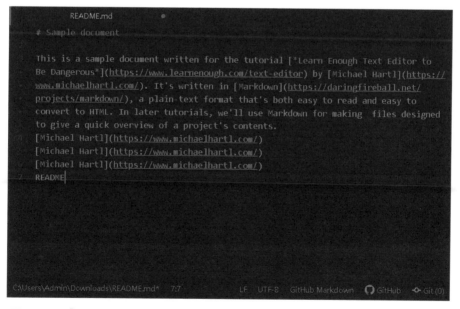

圖 6.24：將「README」剪下並貼在檔案結尾的結果

6.5.1　Jumpcut

　　雖然剪下／複製／貼上對於日常編輯來說會非常頻繁的被使用到，但有一個缺點是，緩衝區中只有 1 個字串的空間。這意味著，如果你剪下了某些內容，然後意外地點擊了「複製」而不是「貼上」(由於鍵盤上這些字母是相鄰的，這很容易發生)，新的內容就會覆蓋緩衝區，之前剪下的文本就永遠消失了 (除非你按照第 6.6 節所述進行 Undo)。如果你使用 Mac 進行開發，這個問題有個解決方案：一個名為 Jumpcut 的免費程式 (https://snark.github.io/jumpcut/)。這個非凡的小工具可以擴展緩衝區保存多個剪貼項目。你可以使用 Jumpcut 選單 (圖 6.25) 或鍵盤快捷鍵 ⌥ (向前循環) 和 ⇧ ⌥ (向後循環) 來瀏覽這個擴展的緩衝區。

圖 6.25：Jumpcut 擴展了複製和貼上的緩衝區以保存更長的歷史記錄

⚡\TIP/　Windows 也有內建類似的功能，使用 ⊞ 鍵＋ V 鍵可以開啟剪貼簿歷程記錄中的內容，達到類似 Jumpcut 的效果。

6.5.2　練習

1. 選取整份檔案，複製後貼上數次。結果看起來應該像圖 6.26 所示。

2. 選取整個檔案然後剪下它。這樣做為什麼會比刪除更好？

3. 請選取並複製十四行詩第 1 首末尾的押韻對句，並將其貼到名為 sonnet_1.txt 的新檔案中。如何在你的編輯器中直接建立新檔案？

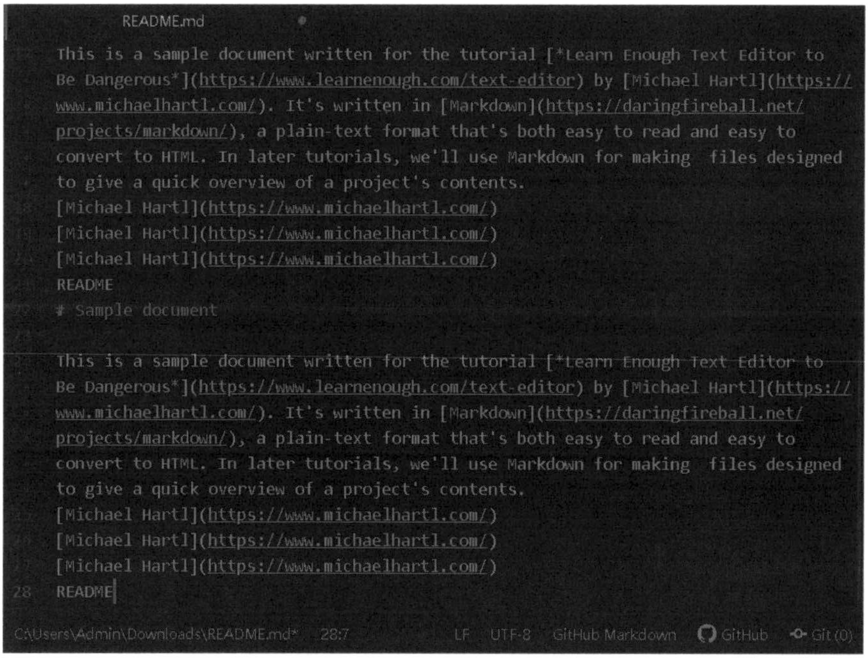

圖 6.26：將整個檔案多次複製和貼上的結果

6.6　刪除和還原

在第 6.4.5 節提到過刪除 (delete)，當然只需要按下刪除鍵，有時是以符號 ⌫ 表示。和剪下／複製／貼上一樣，在搭配第 6.4 節使用選取技巧時，刪除功能尤其有用。

除了選取和刪除文字這顯而易見的技術之外，在 Mac 上，我特別喜歡使用 ⌥ ⌫ 1 次刪除 1 個單字。當我寫作需要一次刪除好幾個字（比如 2-5 個）重新輸入一句話時，我通常會使用這個組合。對於短時間內刪除單字等簡單任務，通常較快的方法是重複按 ⌫，因為切換上下文使用 ⌥ ⌫ 刪除單詞鍵有些多餘，所以直接刪除更快。不要太擔心該如何組合這些快捷鍵，隨著經驗的積累，你肯定會找到一套自己喜歡的組合。

Undo	Ctrl + Z
Redo	Ctrl + Y
Cut	Ctrl + X
Copy	Ctrl + C
Copy Path	Ctrl + Shift + C
Paste	Ctrl + V
Paste Without Reformatting	Ctrl + Shift + V
Select All	Ctrl + A
Toggle Comments	Ctrl + /
Lines	▶
Columns	▶
Text	▶
Folding	▶
Reflow Selection	Ctrl + Shift + Q
Bookmark	▶
Select Encoding	Ctrl + Shift + U
Go to Line	Ctrl + G
Select Grammar	Ctrl + Shift + L

圖 6.27：編輯器選單
中的 Undo 和重做

「Undo（還原）」與刪除都是 IT 歷史上最重要的命令之一。在新的編輯
器中，「Undo」會有跟系統一致的固定快捷鍵，通常是 ⌘ + Z 鍵或 ^Z。
它的相反操作「Redo（重做）」則通常對應 ⇧⌘ + Z 鍵或 ⌘ + Y 鍵的
按鍵。你也可以使用選單（通常是「Edit」），但是，就像「剪下 / 複製 / 貼
上」（第 6.5 節）一樣，「Undo」非常有用，我建議儘快記住快捷鍵。沒有
「Undo」，像刪除這類的操作就是不可逆的，會產生潛在的危機，但是有了
「Undo」，你可以輕鬆地還原任何你在編輯時犯下的錯誤。

不過我建議的做法是在你不確定是否還需要這些內容時，使用剪下 (Cut)
而不是刪除 (Delete)。雖然真的不小心刪除了一些重要的內容，可以使用
Undo 找回，但是使用剪下會把內容放入緩衝區，給你額外的地方暫時保存
(使用 Jumpcut（第 6.5.1 節）將為你提供更多地方暫存內容)。

最後，Undo 為我們提供一個有用的技巧，用於在編輯大型檔案時找到
游標，這是一個常見的狀況。當你編寫內容時需要移動（第 6.3 節）或查詢

(第 6.8 節) 檔案中的其他位置。在這些情況下，重新找到游標在哪可能很困難。有幾種解決的方法，例如：你可以移動方向鍵，或者直接開始輸入。但我的最愛技巧是 Undo，然後立即 Redo (⌘ + [Z] 鍵 / ⌘ + [Z] 鍵或 ⌘ + [Z] 鍵 / ⌘ + [Y] 鍵)，這肯定能找到游標，而不會導致任何變更。

6.6.1 練習

1. 重複使用 Undo 功能，直到 **README.md** 所有的更改都被還原為止。

2. 使用第 6.4 節中的任何技術，選起 **README.md** 中的「written」單詞，刪除它，然後 Undo 更改。

3. 重新執行先前練習中的變更，然後再次 Undo 它。

4. 在 **sonnets.txt** 中某處進行編輯，然後滾動一下，直到你找不到原來的位置。使用「Undo/Redo」的技巧來找到遊標。然後繼續使用「Undo」來還原你所有的變更。

6.7 儲存

當我們對檔案進行編輯後，我們可以使用選單或按下⌘ + [S] 鍵來儲存。我強烈建議使用快速鍵，這樣可以更輕鬆地在你寫作或撰寫程式碼短暫暫停時儲存檔案。你應該養成沒事就按下儲存的習慣。這有助於避免因為意外情況而丟失完成的工作內容 (如第 3 篇所述，加上版本控制功能後效果更佳)。

舉個例子，我們可以在 README 檔案中新增一些程式碼並儲存結果。我們從貼上範例 6.3 中的程式碼開始，如圖 6.28 所示 (其中包含一些明顯的突顯語法)。從圖 6.28 中圈起的地方可以看出，Atom (與大多數新一代編輯器一樣) 包括一個不易察覺的指標，表示檔案未儲存，在這種情況下是一個小的圓圈。執行儲存 (例如透過 ⌘ + [S] 鍵) 後，圓圈消失，被 X 替換 (圖 6.29)。

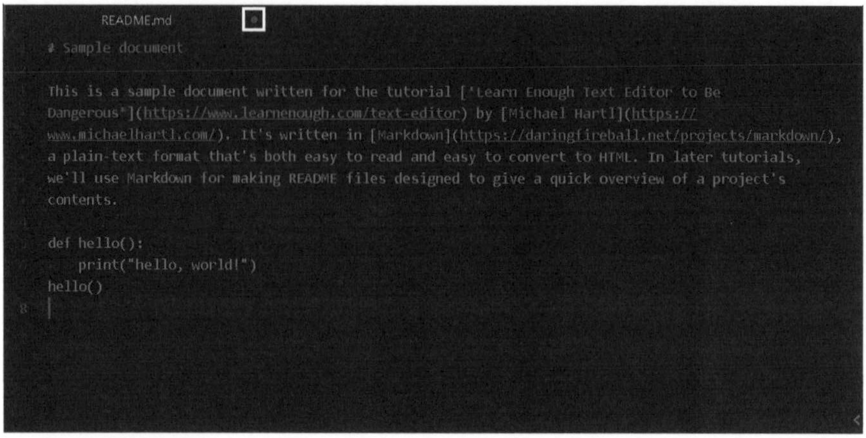

圖 6.28：未儲存檔案

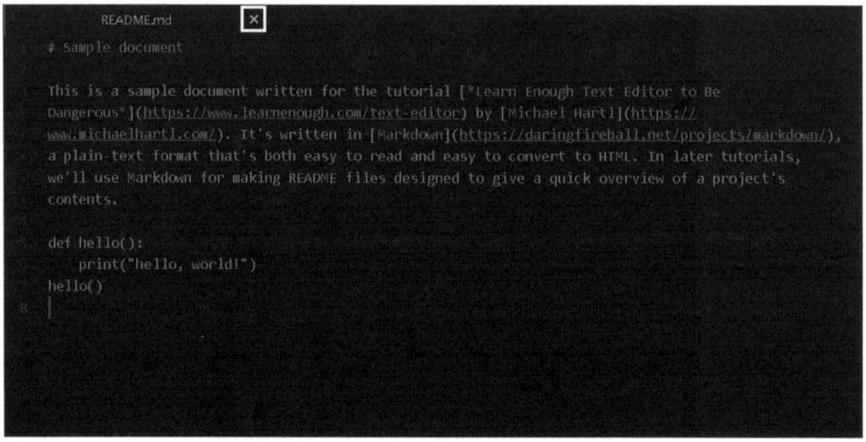

圖 6.29：從圖 6.28 儲存後的檔案

範例 6.3：程式片段

```
def hello():
    print("hello, world!")

hello()
```

6.7.1　練習

1. Undo 貼上的程式碼，恢復檔案至原始狀態。

2. 找到「Save As（另存新檔）」，然後將 **README.md** 另存為 **code_ example.md**，將程式碼範例貼上，最後存檔。

3. 我命令列終端機的預設 Bash prompt 如範例 6.4 所示，但我更喜歡 在範例 6.5 中顯示更簡潔的 prompt 提示字元。在第 1 篇（第 4.3 節） 中，我承諾在第 2 篇中顯示如何自定義 prompt。通過編輯 **.bashrc** 檔案中顯示在範例 6.6 中的行來實現此承諾。像範例 5.5 中那樣獲取 Bash 設定檔案，並確認你系統上的 prompt 與範例 6.5 中顯示的一致。

⚡ 要了解如何使用 Z Shell 自定義 prompt (Z Shell 是 macOS 上的預設 shell，請參見 Learn \TIP/ Enough 部落格文章「Using Z Shell on Macs with the Learn Enough Tutorials」 (https://news. learnenough.com/macos-bash-zshell))。

範例 6.4：我系統上的預設終端 prompt

```
MacBook-Air:~ mhartl$
```

範例 6.5：我偏好更簡潔的 prompt

```
[~]$
```

範例 6.6：更改提示字元的 Bash 命令，如清單 6.5 所示

~/.bashrc

```
alias lr='ls -hartl'
# Customize prompt to show only working directory.
PS1='[\W]\$ '
```

6.8 查詢和取代

好用的編輯器幾乎都提供，能夠查詢並選擇性取代文字的功能。在這一節中，我們將學習如何在單一檔案中查詢和取代，而在第 7.4 節中，我們將討論更強大 (也更危險) 的跨多個檔案查詢和取代的方式。

若要在檔案內查詢，你可以使用圖 6.30 所示的查詢功能表，也可以使用 ⌘ + F 鍵的快捷鍵。兩者都會彈出互動交談窗 (modal window)，在其中你可以輸入要搜尋的字串 (圖 6.31)。

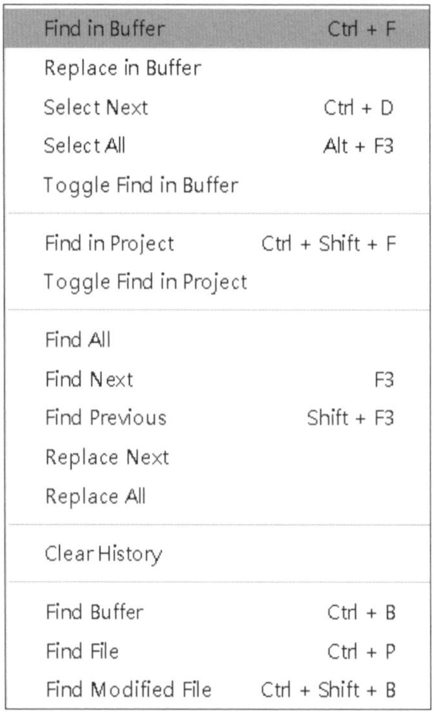

Find in Buffer	Ctrl + F
Replace in Buffer	
Select Next	Ctrl + D
Select All	Alt + F3
Toggle Find in Buffer	
Find in Project	Ctrl + Shift + F
Toggle Find in Project	
Find All	
Find Next	F3
Find Previous	Shift + F3
Replace Next	
Replace All	
Clear History	
Find Buffer	Ctrl + B
Find File	Ctrl + P
Find Modified File	Ctrl + Shift + B

圖 6.30：使用選單進行查詢

Find in Current Buffer	Finding with Options: Case Insensitive	.* Aa ✕
Find in current buffer	Find	Find All
Replace in current buffer	Replace	Replace All

圖 6.31：用於查詢和取代的 modal window

例如，假設我們搜尋字串「sample」。如圖 6.32 所示，無論是
「Sample」還是「sample」，都會有突出顯示。我們搜尋到兩者的原因是因
為我們選擇了不區分大小寫的搜尋方式 (這通常是預設值)。

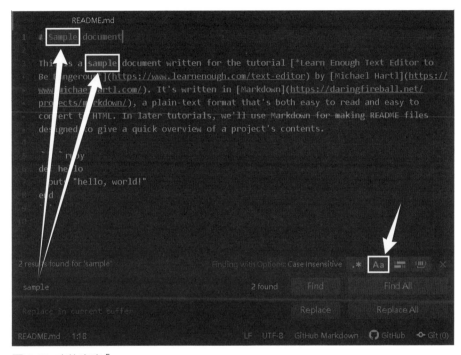

圖 6.32：查詢字串「sample」

圖 6.33 顯示如何使用 modal window 查詢「sample」和替換為
「example」。為了避免取代「Sample」，我們首先點擊「Find (查詢)」選
擇下 1 個符合的項目，然後點擊「Replace」取代第 2 個相符的項目 (圖
6.34)。(在這種情況下，更改為區分大小寫的搜尋也可以使用；如何進行此
操作則留作練習 (參見 6.8.1 節)。)

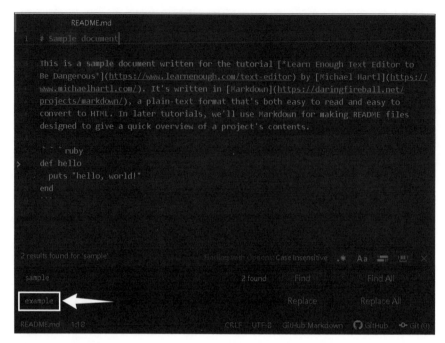

圖 6.33：查詢與取代

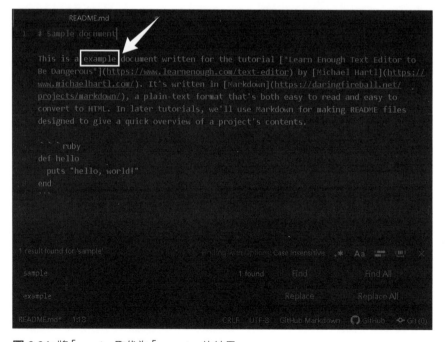

圖 6.34：將「sample」取代為「example」的結果

　　如圖 6.31 所示，你也可以使用 ⌘ + G 鍵的快捷鍵來查詢下 1 個符合的項目。這個 ⌘ + F 鍵／⌘ + G 鍵的組合在許多其他應用程式中也可以使用，例如文字處理器和網頁瀏覽器。

6.8.1　練習

1. 在 6.3.1 節中，我們通過直接前往第 293 行找到了第 18 首十四行詩，但我當然沒有逐行搜尋檔案來做這個練習。相反地，我在 **sonnets.txt** 中搜尋了「shall I compare thee」這個字串。使用你的文字編輯器查詢在哪一行中出現了「rosy lips and cheeks」？

2. 本節中的範例展示了查詢和取代文字時，可能會遇到的問題之一：取代後導致不符合文法的結果，應該是「an example」，但取代完的結果是「a example」(因為原文是 a sample)。不要手動修正，而是使用查詢和取代來將「a example」換成正確的「an example」(儘管在此例中只有出現了 1 次，但這種通用的技術可以處理更多類似的錯誤)。

3. 你的編輯器中，用來查詢上 1 個符合項目的鍵盤快捷鍵是什麼？

4. 在當前緩衝器 (檔案) 中取代文字的快捷鍵是什麼？這與查詢文字的快捷鍵有何不同？

6.9　小結

❏ Atom、Sublime Text 和 VSCode 都是現在主要文字編輯器的好選擇。

❏ 對於內容含有長行的檔案，開啟自動換行會是一個好主意。

❏ 可以透過多種不同的方式在文字檔案中移動，包括使用滑鼠和方向鍵 (尤其是與 ⌘ 鍵／ control 鍵結合使用)。

❏ 一個方便的選取文字的方法是按住 Shift 鍵，然後移動遊標。

❏ 剪下／複製／貼上這三種綜合功能非常有用。

❏ 「Undo」功能可以救你一命 (圖 6.35) [註 2]。

圖 6.35：Undo can save your bacon (還原可以救你一命，
save one's bacon 意味著避免災難、阻止失敗等)

本章重要的命令都整理在表格 6.2 中。

表格 6.2：第 6 章的重要命令

命令	描述
⌘ + ←	移到這一行的行首 (停留在空格處)
⌘ + →	移動到這一行的行尾
⌘ + ↑	移到檔案開頭
⌘ + ↓	移動到檔案末端
⇧ + 游標	選取文字
⌘ + D	選取當前單字
⌘ + A	全選 (整份檔案)
⌘ + X / ⌘ + C / ⌘ + V	剪下/複製/貼上
⌘ + Z	還原
⇧⌘ + Z 或 ⌘ + Y	重做
⌘ + S	儲存
⌘ + F	查詢
⌘ + G	找下 1 個

註2. 圖片由 peter s./Shutterstock 提供。

7

Chapter

進階文字編輯

在第 6 章中我們介紹了新一代文字編輯器的基本功能，本章則會學習一些最常見的進階功能。與第 6 章相比，進階功能的細節會根據不同的編輯器有所差異，因此請運用你不斷增加的知識與技術 (延伸學習 5.2) 來找出必要的資訊。最重要的是，本章介紹的進階功能是任何專業級編輯器都具備的，因此無論你使用哪種編輯器，都應該能夠了解如何操作這些功能。

7.1 　自動完成和 Tab 鍵功能

文字編輯器中最實用的 2 種功能是自動完成和 Tab 觸發器，自動完成功能允許使用者輸入單詞的前幾個字母，然後從一個可能的選項清單中選擇，這類似於命令列中的 `Tab` 鍵自動完成 (詳見第 1 篇的延伸學習 2.4)。Tab 觸發器則是允許使用者只輸入特定的字串，然後按下 `Tab` 鍵來自動生成一段預設內容或程式碼片段。這 2 種功能都讓我們只需要按幾個按鍵，就可以輸入大量文字。

7.1.1 　自動完成

自動完成最常見的用法是讓我們輸入單字的前幾個字母，接著會彈跳出一個可能的選項清單，讓我們使用箭頭鍵選擇並點擊 `Tab` 鍵來完成它。在 **README.md** 中自動完成單詞「Markdown」的範例如圖 7.1 所示。

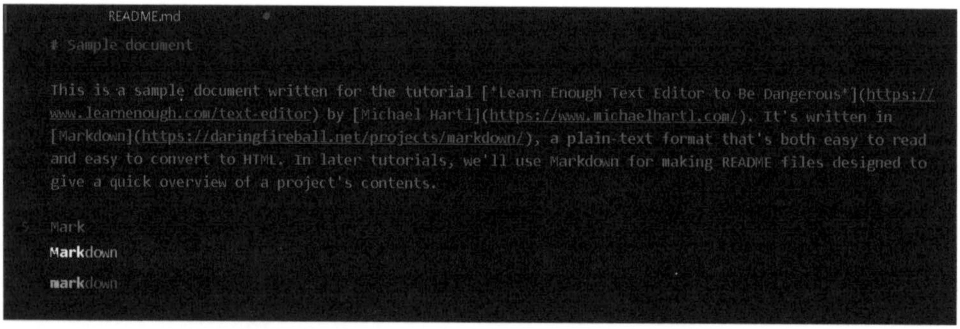

圖 7.1：「Markdown」的自動完成功能

自動插入功能的彈跳清單是根據當前文件內容產生的，因此在擁有大量文字的檔案中，自動插入功能特別實用。例如，有些程式碼會頻繁引用某些長串標籤或專有名詞，而這些標籤通常很長，所以使用自動插入比手動輸入更有效率。例如，一個常見的例子是經常被引用到的延伸學習 5.2，其程式碼看起來類似範例 7.1。

範例 7.1：

```
Box~\ref{aside:technical_sophistication_text_editor}
```

我在寫這本書時，常需要輸入像是範例 7.1 中的 **technical_sophistication** 這樣的字串，我總是傾向使用自動插入而不是手動輸入 (technical_sophistication 以外的內容則是使用自定義的 Tab 觸發器產生，後面會再詳細講解)。在編輯程式碼時，常常需要考慮類似的問題，例如：

```
ReallyLongClassName < ReallyLongBaseClassName
```

在這種情況下，通常輸入 **Rea** 然後選擇相關的自動插入功能比手動輸入更快速。

7.1.2　Tab 觸發器

Tab 觸發器和自動完成功能類似，可以讓我們輸入幾個字母之後按 `Tab` 鍵來自動生成一段預設的內容或程式碼片段，但通常大多數 Tab 觸發器在編輯器中已經預設好，這些觸發的確切內容通常基於我們正在編輯的檔案類型。例如，在 Markdown 或其他標記式檔案 (HTML、LATEX 等) 中，輸入 lorem ➜ 或 lo ➜ 會出現預設好的 lorem ipsum 選項，這是一個用於測試排版效果，源自西塞羅書中的片段，在程式和設計領域中通常用來代替文本進行測試，圖 7.2 顯示了在 Atom 中輸入 lo 的結果，圖 7.3 是局部放大圖。按下 ➜ 啟動 Tab 觸發器後，完整的 lorem ipsum 文本就顯示在圖 7.4 中。

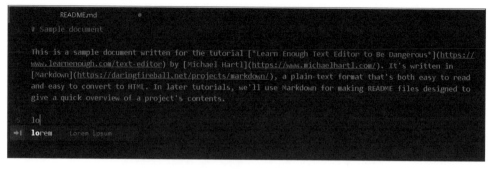

圖 7.2：在 Atom 中輸入「lo」準備啟動 Tab 觸發器

圖 7.3：圖 7.2 中觸發器的放大檢視

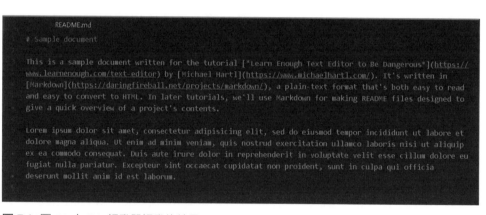

圖 7.4：圖 7.2 中 Tab 觸發器觸發的結果

Tab 觸發器在編輯語法較多的檔案類型（例如 HTML 和程式碼）時特別有用。舉例來說，編輯 HTML 時，許多編輯器支援使用 `html →|` 觸發器，透過選擇 HTML 標籤快速建立 HTML 骨架，例如 `h1 →|` 可以建立一個 **h1** 標籤，代表最上層的標題。

在 Atom 中使用不同的 Tab 觸發器後，結果可能像圖 7.5 一樣。由於 HTML 是全球資訊網 (WWW) 的語言，到瀏覽器中開啟該檔案，就會出現一個簡單但實用的網頁 (圖 7.6)。

```
                index.html
    <!DOCTYPE html>
    <html lang="en" dir="ltr">
      <head>
        <meta charset="utf-8">
        <title>Home Page</title>
      </head>
      <body>
        <h1>Hello world!</h1>

        <p>Lorem ipsum dolor sit amet, consectetur adipiscing elit, sed do
          eiusmod tempor incididunt ut labore et dolore magna aliqua. Ut enim
          ad minim veniam, quis nostrud exercitation ullamco laboris nisi ut
          aliquip ex ea commodo consequat. Duis aute irure dolor in
          reprehenderit in voluptate velit esse cillum dolore eu fugiat nulla
          pariatur. Excepteur sint occaecat cupidatat non proident, sunt in
          culpa qui officia deserunt mollit anim id est laborum.</p>

      </body>
    </html>
```

圖 7.5： HTML 標籤觸發器觸發的結果

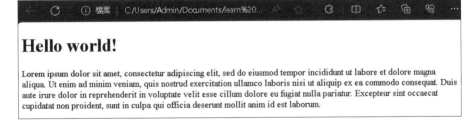

圖 7.6： 將 Tab 觸發器套用到 HTML 頁面的結果

同樣的，當你使用 Atom 編輯 Python 程式碼時，在 Atom 中輸入 def ➔ 會自動建立定義 Python 函式的語法，看起來像這樣：

```
def fname(arg):
    pass
```

在輸入函式名稱 (替換佔位字串的 **method_name**) 後，再按 1 次 ➔ 可以將游標自動移至適當的位置開始編輯函式的主要部分。這種自動輸入內容的方法可以大幅提高撰寫程式碼的速度，同時降低需要牢記不同語法的不便。我們將在第 7.2 節中看到這種技術的具體範例。

最後，你可以自己定義 Tab 觸發器。例如，要打出範例 7.1 中的文字：

```
Box~\ref{aside:technical_sophistication_text_editor}
```

我可以不用一一手動輸入，而是使用自訂 Tab 觸發器 **bref** (box reference) 來產生下面這行字：

```
Box~\ref{aside:}
```

然後使用自動完成功能 (第 7.1.1 節) 在冒號後面輸入標籤 **technical_ sophistication**。自定義 Tab 觸發器會根據各個編輯器而有所不同，詳細的設定方式超出了本書的範圍，但是第 7.5 節中提供了一些關於如何自行設定它的提示。

7.1.3 練習

1. 使用 Tab 觸發器在 **README.md** 中添加更多的 Lorem Ipsum 文本。

2. 使用自動完成功能，再增加 1 個「consectetur」。

3. 利用自動完成功能寫出這句話：As Cicero once said, 'quis nostrud exercitation ullamco laboris'。

7.2 編輯程式碼

如第 7.1.2 節所提到的，除了擅長編輯像 HTML 和 Markdown 這樣的標記語言外，文字編輯器也適合撰寫電腦程式。任何好用的文字編輯器都支援許多專門用於編輯程式碼的功能；本節將介紹其中最實用的幾種功能。即使你還不熟悉程式設計，了解文字編輯器支援編輯程式碼的方式，之後一定會派上用場。

範例 7.2 為電腦程式碼的範例，顯示了用 Python 程式語言編輯的「hello, world」程式。

範例 7.2：Python 中「Hello, World」的寫法之一

```python
# Prints a greeting.
def hello(location):
  print(f"hello, {location}!")

hello("world")
```

在 Atom 貼上範例 7.2 的內容後，我們得到了圖 7.7 所示的結果。(可以使用第 7.1 節中討論的 **def** Tab 觸發器輸入範例 7.2。)

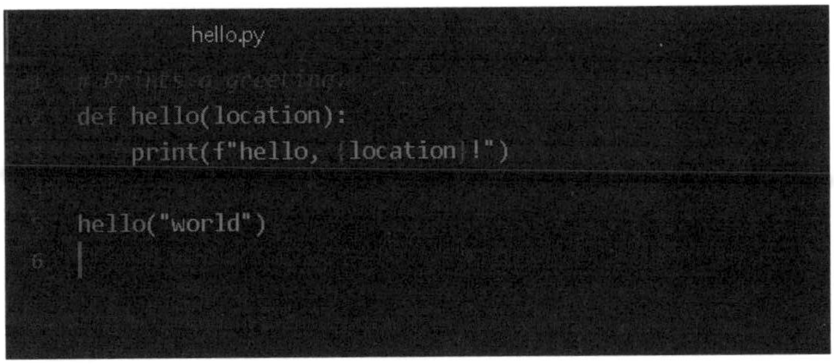

圖 7.7：在 Atom 中的 Python 程式碼

7.2.1 突顯語法

正如我們在第 6.2.1 節 **README.md** 中看到的，Atom 會根據檔案的副檔名來決定適當的突顯語法。先前 Markdown 格式的突顯語法不是很明顯；在這個範例中，Atom 由副檔名 **.py** 推測出檔案是 Python 程式碼，並做出相應的突顯語法，就明顯清楚多了。與之前提過的一樣，要特別提醒突顯語法並不是來自文字本身，我們輸入的文字沒有任何不同，純粹是編輯器自身的顯示功能，讓我們方便閱讀。

除了讓程式碼更易於閱讀（如區分關鍵字、字串、常數等）之外，突顯語法還有助於捕捉錯誤。例如，有一次我意外刪除了 LATEX 的結尾引號（由兩個單引號 `''` 構成），結果如圖 7.8 所示。這導致主要文字的顏色從預設的白色變成了用於引用字串的顏色（綠色），使用者一眼就可以看出有問題。修正錯誤後，文字恢復到預期的白色，如圖 7.9 所示。

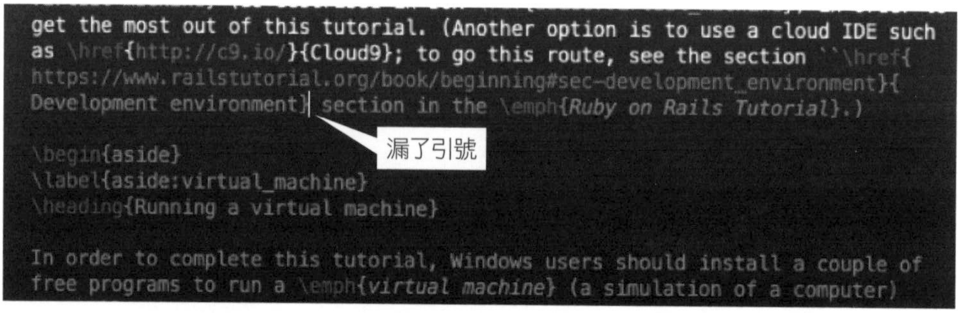

圖 7.8：透過語法突顯發現到的 LATEX 程式碼錯誤

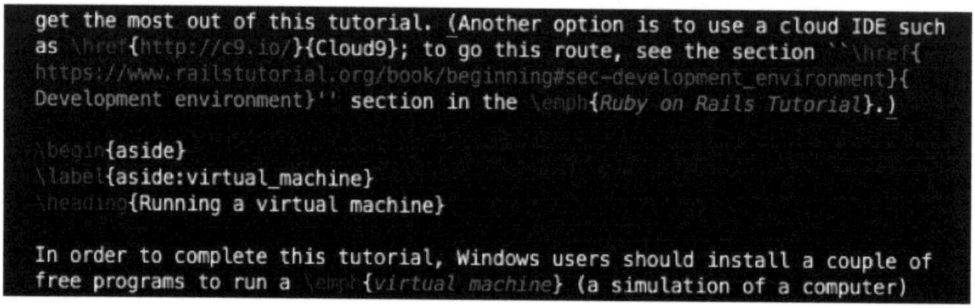

圖 7.9：錯誤修正後，突顯語法依照預期顯示

7.2.2 註解

　　文字編輯器中最實用的功能之一是能夠「註解」程式碼區塊，這種技術通常用於暫時停止某些行的執行，但不必刪除它們 (這在偵錯時特別有用)。大多數程式語言和標記語言都支援整行註解 (**編註**：也稱 block Comments 區塊註解)，這些註解只是為了方便人們閱讀程式碼，而不會被執行 [1]。我們可以在範例 7.2 的第 1 行看到 Python 註解的例子。

```
# Prints a greeting.
```

　　這裡的 # 符號是 Python 表示整行註解的方式。

　　假設我們想要註解接下來的 2 行程式碼 (第 2 至 3 行)，從：

```
# Prints a greeting.
def hello(location):
    print(f"hello, {location}!")
hello("world")
```

　　改成：

```
# Prints a greeting.
#def hello(location):
#    print(f"hello, {location}!")
hello("world")
```

　　當然，我們可以手動在每 1 行的開頭插入 # 來註解程式碼，但這樣做非常不方便，特別是當要註解的程式碼逐漸增加時。這種時候，我們可以選取要註解的文字 (第 6.4 節) 然後使用選單或鍵盤快捷鍵註解所選內容。在 Atom 中，我們可以選擇第 2、3 行並按 ⌘ + ▢ 將其註解，如圖 7.11 所示：

註1. 從技術面來講，編譯器或直譯器中會忽略註解的內容。但有些語言有自動化的檔案系統來處理註解。

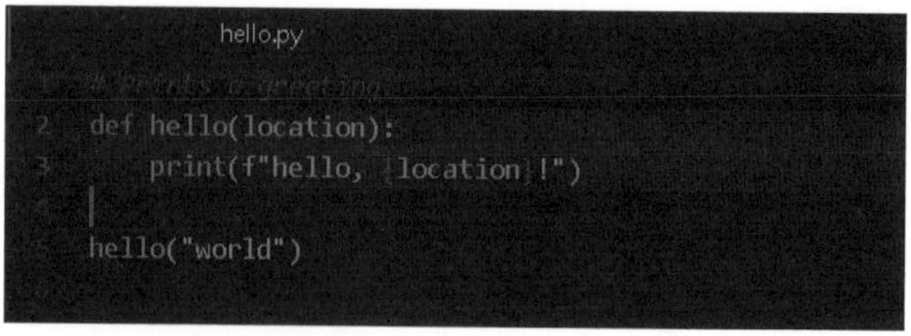

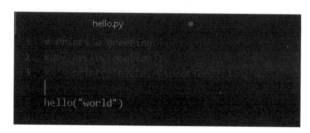

圖 7.10：準備要註解的兩行

圖 7.11：按下快捷鍵就直接註解掉

　　註解功能通常可以進行反向操作，因此再按 1 次 ⌘ + / 可將檔案恢復
到之前的狀態 (圖 7.10)。例如，在進行修改後想恢復一些被註解的文字時非
常好用。

7.2.3　縮排和取消縮排

　　另一種可以使用文字編輯器簡化的程式碼排版元素是縮排，這是指某些
行開頭的前置空格。以前使用 Tab 鍵進行縮排是很常見的，但由於不同系統
下 Tab 鍵產生的空格數量不一，這導致結果不可預測：有些可能按一次 Tab
鍵會出現 4 個「空格」，有些可能會出現 8 個，有些卻可能只有 2 個。

　　近年來，許多程式設計師已經轉而使用 Space 空白鍵插入固定數量的空格
來取代 Tab 鍵 (通常為 2 個或 4 個)。然而仍有人習慣使用 Tab 鍵，Tab 鍵
vs. Space 鍵的選擇仍是聖戰的領域 (延伸學習 5.4) (不過大家的共識是：絕對
要避免混合使用 Tab 鍵和 Space 鍵)。

例如，我們可以用 Python 語言來說明這一點，它通常使用 4 個空格來進行縮排：

```python
def hello(location):
    print(f"hello, {location}!")
```

一般來說，在輸入「location」後按下 Enter 鍵即可，不過也可以按 4 下 Space 鍵達到相同效果。假設編輯器已經設定使用 4 個空格模擬 Tab 鍵，我們就會得到上面顯示的結果。對於像 Python 這類要求正確縮排的程式語言，如果像下面這樣沒有縮排，程式就會出錯[註2]：

```python
def hello(location):
print(f"hello, {location}!")
```

就算程式語法不強制要求縮排，但像上面第 2 個範例這樣比較難以閱讀，為了方便使用者閱讀程式碼，正確的縮排很重要[註3]。

文字編輯器有 2 種方式來維持適當的縮排。首先，新行通常用與上 1 行相同程度的縮排，你可以通過在範例 7.2 中第 3 行的末尾，輸入以下 2 行來進行驗證：

```python
print("Uh, oh.")
print(f"Goodbye, {location}!")
```

結果顯示在圖 7.12 中。

註2. Python 依靠縮排來區分區塊範圍。

註3. 此處示範的 Python 語法上就要求使用縮排，不過其他大多數程式語言的編譯器或直譯器 (如 C、Ruby)，都不要求縮排。

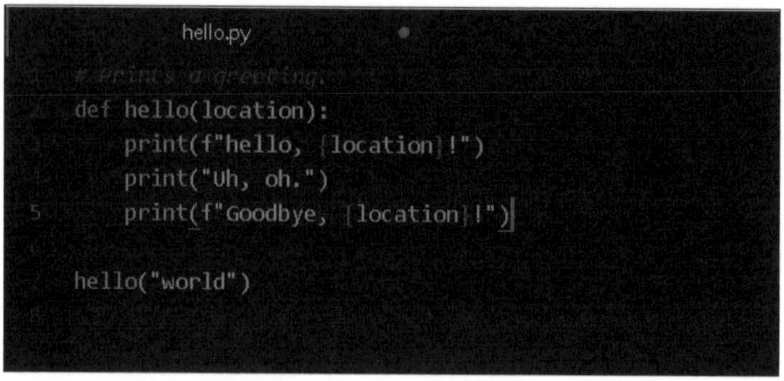

圖 7.12：新增兩行縮排的程式碼

　　第 2 種文字編輯器協助保持良好程式碼格式的方法是支援區塊縮排，其使用方式與註解程式碼區塊非常相似。例如，假設（與一般編輯器的做法相反）我們決定將圖 7.12 中第 3 至 5 行增加額外 8 個空格，變成總共 16 個空格。與註解的快捷鍵相似，第 1 步是選取要變更縮排的文字（圖 7.13)。然後，我們可以 1 次輸入 1 個 `Tab` 鍵以改變縮排，連續使用 2 個 `Tab` 鍵的結果顯示在圖 7.14。

> ⚡ 如果因為某種原因，編輯器預設的縮排方式與正在使用的語言不符，請自行搜尋如何
> \TIP/ 更改的方法。

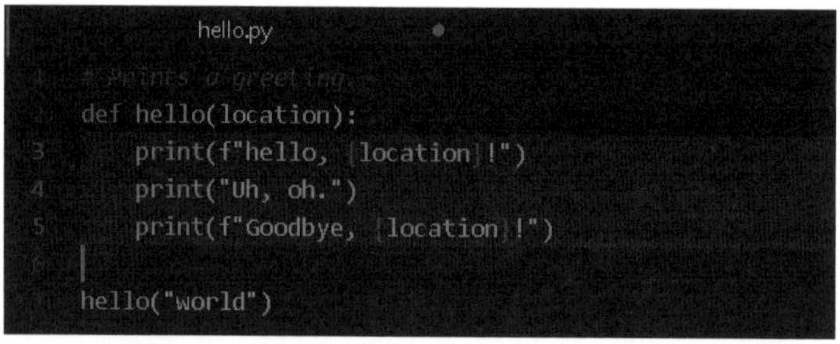

圖 7.13：準備調整某幾行的縮排

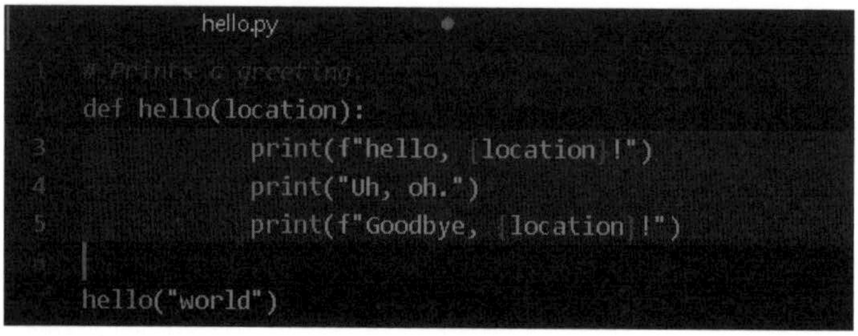

圖 7.14：比一般 Python 程式碼還寬的縮排

　　由於不像註解程式碼可以使用相同的命令來進行取消，每按 1 次 Tab 鍵只是增加更多的縮排。我們需要使用另一個命令來「取消縮排」，在 Atom 中是⇧→|。連續使用這個命令 2 次，就可以恢復到原來的狀態，如圖 7.15 所示。

⚡\TIP/ 順帶一提，許多編輯器 (包括 Atom) 都支援鍵盤快捷鍵 ⌘ +] 和 ⌘ + [分別用於縮排和取消縮排的操作。

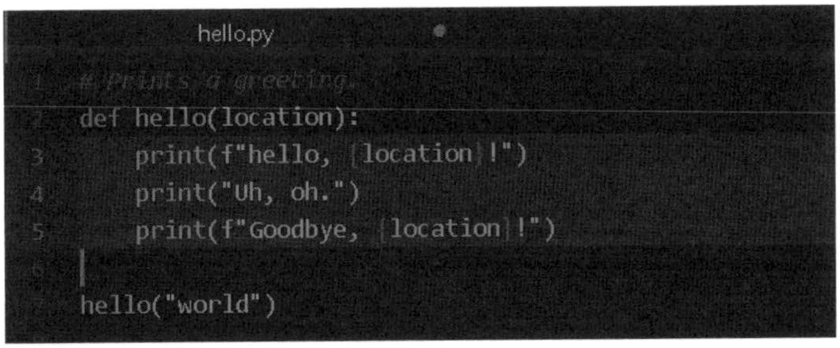

圖 7.15：取消圖 7.14 中增加的縮排

7.2.4　跳到指定行號

　　在編輯程式碼時，能夠迅速跳轉到特定行號是一項非常有用的功能。這在處理含有錯誤的程式碼時特別重要，因為我們通常需要檢查顯示錯誤的特定行。本書第 5.6 節有提到 Vim 命令 **<n>G** 可以快速跳轉至第 **<n>** 行，在其他編輯器中，常用的快捷鍵是 ^G。按下快捷鍵 ^G 後，就會開啟一個對話框，可以輸入指定的行數，如圖 7.16 所示。順帶一提，在圖 7.16 所示的：**<number>** 語法在 Sublime Text 和 Vim 中都支援。

圖 7.16：跳至特定行號的對話框

7.2.5　80 字元寬 (80 Columns)

　　許多文字編輯器會幫助程式設計師維持一行 80 個字元的長度限制。並非所有的程式設計師都遵守此限制，但將程式碼保持在每行 80 個字元可以使其更易於閱讀和顯示，例如在固定寬度的終端機、部落格文章或像本書一樣的教材中 [註4]。80 個字元限制還可以強制執行良好的編輯規則，因為超過 80 個字元通常意味著我們最好引入新的變數或函式名稱 [註5]。由於難以用肉眼判斷 1 行是否超過 80 個字元，許多編輯器 (包括 Atom 和 Sublime Text) 會顯示 1 條不明顯的垂直線，標示限制在哪裡，如圖 7.17 所示 [註6]。如果你的編輯器預設並未顯示 80 個字元限制的標示，請自行到設定頁面開啟此功能 (通常是「word wrap column」之類的設定)。

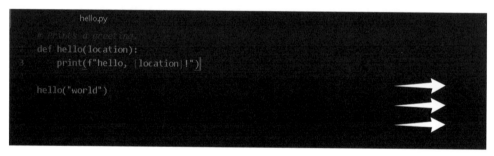

圖 7.17：將 Atom 中不太明顯的 80 個字元限制指示用明顯的箭頭標出位置

7.2.6　練習

1. 建立名為 **foo.py** 的檔案，然後使用 Tab 觸發器定義 **FooBar** 類別 (範例 7.3)。提示：觸發器可能是像 cla ➡ 之類的東西。

註4. 這個限制其實是源自 IBM 的打卡機。

註5. 在 80 個字元規則中主要的例外是像 HTML、Markdown 或 LaTeX 等的標記式語言，這就是我們在這些情況下常會啟用像第 6.2 節那樣的自動換行的原因。

註6. 在某些編輯器中，每行字元數限制不是標準的 80，而是設置成大約 78 個字元，這樣能留下一小部分空間容錯。

2. 參考範例 7.4，使用 def ➡ 觸發器添加 **bazquux** 的定義，然後使用自動完成功能產生最後一行的 **FooBar** 和 **bazquux**。

3. 使用 Tab 觸發器和自動完成功能，創建一個名為 **greeter.py** 的檔案，並輸入範例 7.5 的內容。

4. 透過剪下與貼上「**hello**」定義的文字，並對整個區塊進行縮排，將其轉變成範例 7.6 的樣子。

範例 7.3：使用 Tab 觸發器建立一個類別

~/foo.py

```
class FooBar:
    pass
```

範例 7.4：使用自動完成功能來建立類別名稱

~/foo.py

```
class FooBar:
    def bazquux(self):
        print("Baz quux!")
FooBar().bazquux()
```

範例 7.5：Python 中的 proto-Greeter 類別

~/greeter.py

```
class Greeter:
    pass

def hello(location):
    print(f"hello, {location}!")

hello("world")
```

範例 7.6：用 Python 完成的 Greeter 類別

```python
class Greeter:
    def hello(self, location):
        print(f"hello, {location}!")

greeter = Greeter()
greeter.hello("world")
```

7.3 編輯可執行 script

本節作為第 7.2 節的實際應用，我們將撰寫一個實用的 shell script，用於盡可能安全地終止程式。本節中，我們將介紹把此 script 加到命令列 shell 中所需的步驟。

 script 是一種通常用於自動執行常見任務的程式，但在這個階段詳細的定義並不是重點。

如延伸學習 3.2 中所述，Unix 的使用者和系統任務都在一個定義明確、被稱為「程序 (process)」的容器內進行。有時候，程序會卡住或出現異常，這時我們可能需要使用 **kill** 命令來終止它。該命令會發送終止代碼來終止符合指定 ID 的程序：

```
$ kill -15 12241
```

請參考延伸學習 3.2 中的討論，了解如何在你的系統中查找此 id。

這裡我們使用了終止代碼 **15**，這個碼會盡量溫和地結束程式（意思是它讓程式有機會清理任何暫存檔案，完成所有必要的操作等）。然而，有時會有終止代碼 **15** 無法停止的程式，這時我們需要升級緊急程度，直到該程序真正終止。結果發現，一個好的終止代碼順序是 **15**、**2**、**1** 和 **9**。我們的任務是寫一個命令來執行這個代碼順序，我們將其稱為 **ekill**（代表「escalating kill」），以便我們可以像範例 7.7 所示地終止程式。

範例 7.7：使用尚未定義的 ekill 的範例

```
$ ekill 12241
```

就如同第 7.2 節中的 Python 範例，不必注意程式碼的細節，著重於操作即可。

為了準備將 **ekill** 加入我們的系統，首先在主目錄中建立一個名為 **bin** (binary (二進位)) 的新目錄：

```
$ mkdir ~/bin
```

⚡ \TIP/　如果你的系統上已經存在此目錄，你將收到一條不需要在意的提示訊息。

然後，我們將切換到 **bin** 目錄，並在 Atom 建立一個名為 **ekill** 的新檔案，儲存至 **bin** 目錄中：

```
$ cd ~/bin
```

ekill script 會以「shebang (#!)」開始 (發音為「shuh-BANG」，來自「shell」和「bang」，後者是驚嘆號的常見發音 (延伸學習 3.1))：

```
#!/bin/bash
```

這行告訴我們的系統使用位於 **/bin/bash** 中的 shell 程式來執行 script。**bash** 程式對應於第 5.3 節中提到的 Bourne-again shell (Bash)，在這個情況下，shell script 常常被稱為 Bash script [註7]。儘管看起來很像，但這行的井字號 # 不是一個註解字元，這可能會讓人感到困惑，因為在某些語言 (例如 Ruby) 中，也是用 # 表示 Bash 的註解，此處我們原始版本的 script 中也包含了幾行註解內容，如範例 7.8 所示。

註7. 要學習如何使用 Zsh 寫這個 script，請參見 Learn Enough 部落格文章「Using Z Shell on Macs with the Learn Enough Tutorials」(https://news.learnenough.com/macos-bash-zshell)。

範例 7.8：自訂升級終止 script

~/bin/ekill

```bash
#!/bin/bash

# Kill a process as safely as possible.
# Tries to kill a process using a series of signals with escalating urgency.
# usage: ekill <pid>

# Assign the process id to the first argument.
pid=$1
kill -15 $pid || kill -2 $pid || kill -1 $pid || kill -9 $pid
```

　　除了第 1 行的 shebang 外，# 的其他用途都是作為註解。然後，第 8 行將程序 ID **pid** 分配給 **$1**，在 shell script 中，$1 是命令的第 1 個參數，例如上面第 7.7 節的 **12241**。第 9 行使用「或」算符 **||** 來使用代碼 **15** 或 **2** 或 **1** 或 **9** 執行**終止**命令，並停在第 1 次成功**終止**程序時。

> ⚡ 再次強調，如果到這裡有點不懂也不用擔心，此處只是順帶提一下 shell script 語法，不
> \TIP/ 熟也不會影響你的操作步驟。

　　將範例 7.8 的內容輸入到 script 檔案後，你可能會注意到沒有像圖 7.18 一樣，將語法突出顯示。這是因為與 **README.md**（第 6.2 節）和 **hello.py**（第 7.2 節）不同，**ekill** 的名稱沒有副檔名。雖然有些人會給 shell script 加上副檔名，例如：**ekill.sh**（這樣編輯器就會自動突顯語法），但這在 shell script 裡是一種壞習慣，因為 script 是使用者的程式介面。作為系統的使用者，我們不在意 **ekill** 是用 Bash、Python 還是 C 編輯的，因此將其命名為 **ekill.sh** 會不必要地向使用者公開所使用的語言，以免造成一個明顯的問題。例如：我們一開始是在 Bash 中編輯，但後來決定在 Python 中重寫，最後再用 C 重寫，那麼所有使用到該 script 檔案的使用者（包含系統的使用者）都必須將副檔名從 Bash 的 **ekill.sh** 更改為 Python 的 **ekill.py** 最後再改成 C 的 **ekill.c**，完全不應該這樣做。

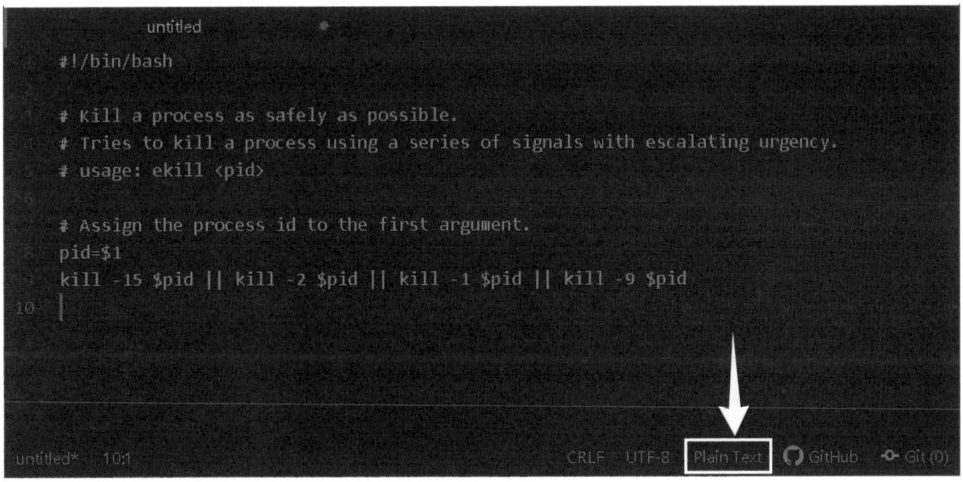

圖 7.18：沒有突顯語法的 **ekill** script

儘管我們選擇不對 **ekill** script 加上副檔名，但仍然想要突顯語法能正常運作，解決方法是在編輯器的右下角點選「Plain Text（純文字）」，並且將突出顯示的語言切換為我們正在使用的程式語言（圖 7.18)。然而這需要我們事先知道使用的程式語言，才能正確地完成變更，如果可以讓編輯器自動判斷會更方便。幸運的是，我們能夠簡單地透過關閉後重新開啟檔案來達成這個目的，只要按下 X 關閉 **ekill** 分頁（或按下 ⌘ + ｗ 鍵），然後重新開啟即可。

由於範例 7.8 的 shebang 那一行，Atom 推斷該檔案是 Bash script 檔案。因此，偵測出的檔案類型從「純文字」變為「Shell Script」，並啟動了突顯語法（圖 7.19)。

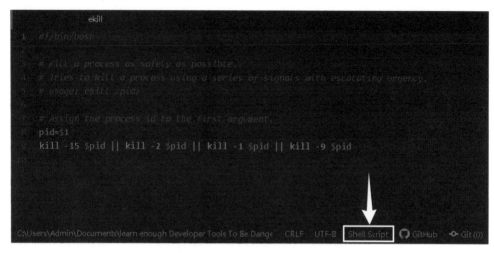

圖 7.19：檢測到文件類型，且標示出突顯語法的 **ekill** script

此時，我們已經有一個完整的 shell script，但在命令列上輸入 **ekill** **<pid>** 仍然不起作用。要將 **ekill** 添加到我們的系統中需要做 2 件事：

1. 請確認 **~/bin** 目錄已經在系統路徑上，這是 Shell 程式會搜尋可執行 script 的路徑。

2. 將 script 本身設定為可執行。

在命令列中，可以透過特定的 **$PATH** 變數存取路徑目錄：

```
$ echo $PATH
```

如果 **~/bin** 目錄已經在清單中，你可以跳過這個步驟，但即使照著做也沒有任何壞處。

⚡
\注意/
注意：$PATH 目錄清單中並不會如字面顯示 **~/bin**，而是將其中的波浪號展開成你的主目錄。例如我 **PATH** 中的內容，不會顯示 **~/bin** 而是顯示 **/Users/mhartl/bin**，跟你的會有些不同。

為確保 **~/bin** 目錄在路徑中，我們會編輯 Bash 的設定檔，這和我們在第 5.3 節中看到的 **.bashrc** 檔案有關。請用 vim 打開 **~/.bash_profile** ，並按下 I 鍵進入插入模式：

```
$ vim  ~/.bash_profile
```

接著加入範例 7.9 所展示的 **export** 行程式碼。如果 **source** 行不存在，也應一併加入，這確保了在執行 **.bash_profile** 時，定義在 **.bashrc** 中的任何 alias 都會被加入 註8。完成後記得使用第 5.4 節的方法儲存再退出 vim。

範例 7.9：將 ~/bin 目錄新增到路徑中

~/.bash_profile

```
export PATH="~/bin:$PATH"
source ~/.bashrc
```

這個使用 Bash 的 **export** 命令將 **~/bin** 目錄新增到現有的路徑中。

⚡ \TIP/　值得注意的是，有些系統會使用環境變數 $HOME 代替 ~，它們是相同的意思。如果真的遇到 ~ 無法運作，建議嘗試使用 $HOME，例如 $HOME/bin:$PATH。

要使它生效，我們需要像第 5.4 節中所述使用 source 命令：

```
$ source ~/.bash_profile
```

為了使產生的 script 可執行，我們需要使用「更改模式 (change mode)」的命令 **chmod** 以加上「執行權限 (execute bit)」**x**，具體步驟如下：

```
$ chmod +x ~/bin/ekill
```

註8. 要完全說清楚 .bashrc 或 .bash_profile 甚麼時候會執行有點複雜，只要記得在許多情況下編輯任一個檔案都可以達到目的就好。

此時，我們可以使用 **which** 命令（第 3.1 節）來確認 **ekill** script 已準備好可以執行了：

```
$ which ekill
```

結果應該顯示 **ekill** 的完整路徑，在我的系統上它看起來像這樣：

```
$ which ekill
/Users/mhartl/bin/ekill
```

在某些系統上，只在 **.bash_profile** 上執行 **source** 可能不足以將 **ekill** 放到路徑上，因此如果 **which ekill** 沒有回傳任何結果，你應嘗試退出並重新啟動 shell 程式以重新載入設定。

當你直接在命令列輸入 **ekill** 忽略加上程序 ID，這個行為會讓電腦不知道你想執行什麼：

```
$ ekill
<confusing error message>
```

為了使在這種情況下的 **ekill** 更方便使用，我們準備在使用者忽略加上程序 ID 時，在螢幕上顯示使用說明。可以透過範例 7.10 中的程式碼來實現這一點，我建議你手動輸入，而非從下載的範例檔案中複製貼上。在撰寫 **if** 敘述時，我特別建議嘗試輸入 if ➥ 來查看你的編輯器是否內建撰寫 Bash **if** 敘述的 Tab 觸發器。

範例 7.10：升級終止 script 的增強版本
~/bin/ekil

```
#!/bin/bash

# Kill a process as safely as possible.
# Tries to kill a process using a series of signals with escalating urgency.
# usage: ekill <pid>
```

接下頁

```
# If the number of arguments is less than 1, exit with a usage statement.
if [[ $# -lt 1 ]] ; then
  echo "usage: ekill <pid>"
  exit 1
fi
# Assign the process id to the first argument.
pid=$1
kill -15 $pid || kill -2 $pid || kill -1 $pid || kill -9 $pid
```

在添加了範例 7.10 中的程式碼後，沒有加上程序 ID 就執行的 **ekill** 應該會出現提示訊息：

```
$ ekill
usage: ekill <pid>  ← 這是語法提示的慣用表示法
```

我們剩下需要做的就是驗證 **ekill** 是否能夠成功終止 1 個程序。這部分留作練習 (第 7.3.1 節)。

7.3.1　練習

1. 讓我們通過製作 1 個卡住的程序，並應用在 grep 程序 (延伸學習 3.2) 中學習到的內容來測試 **ekill** 的功能。我們將開啟 2 個終端機分頁。在其中 1 個分頁中，輸入 **tail** 以產生一個卡住的程序。在另 1 個分頁中，使用 **ps aux | grep tail** 命令來找出該程序的 ID，然後執行 **ekill <pid>** (將實際找到的 ID 替換掉 **<pid>**)。在執行 **tail** 的分頁中，你應該會看到類似「Terminated: 15 (已終止：15)」的提示 (圖 7.20)。

2. 撰寫一個名為 **hello** 的可執行 script，讓它接收 1 個參數並列印出「Hello」和接收到的參數。記得使用 **chmod** 命令確保此 script 可以正常運作。提示：使用 **echo** 命令。更明確的提示：Bash script 可以將美元符號開頭的變數插入到字串中，因此範例 7.8 中的 **$1** 變數可以像這樣在字串中使用：**"Hello, $1"**。

圖 7.20：使用 **ekill** 終止 **tail** 程序的結果

7.4 編輯專案

到目前為止，我們一直都是用文字編輯器來編輯單一檔案，但其實也可以同時編輯整個專案 (**編註**：一個專案通常有多個檔案，會放在同一個目錄中)。作為此類專案的範例，我們將從下面的網址下載範例應用程式。雖然不會執行這個應用程式，但它提供了一個大型範例來讓我們實作。如同在第5.6 節和第 6.2 節中，我們使用 **curl** 命令將檔案下載到本機磁碟：

```
$ cd
$ curl -OL https://source.railstutorial.org/sample_app.zip
```

如同 **.zip** 的副檔名所示，這是一個 ZIP 檔案，因此我們將使用 **unzip** 命令來解壓縮它，然後再用 **cd** 命令進入到範例應用程式的目錄裡：

```
$ unzip sample_app.zip
   creating: sample_app_3rd_edition-master/
   .
   .
   .
$ cd sample_app_3rd_edition-master/
```

開啟專案的方法是使用文字編輯器開啟整個目錄。開啟 Atom，在File 的選單內選擇 Open Folder，選擇剛才解壓縮完的 sample_app_3rd_edition-master 資料夾。開啟後，文字編輯器視窗會顯示整個專案的目錄結構，也就是「樹狀結構」，如圖 7.21 所示。我們可以使用「View」選單或鍵盤快捷鍵 (圖 7.22) 來切換其顯示。

C:\Users\Admin\Documents\sample_app_3rd_edition-master — Atom

File   Edit   View   Selection   Find   Packages   Help

Project

∨ 📁 sample_app_3rd_edition-master
  > 📁 app
  > 📁 bin
  > 📁 config
  > 📁 db
  > 📁 lib
  > 📁 log
  > 📁 public
  > 📁 test
  > 📁 vendor
    📄 .gitignore
    📄 config.ru
    📄 Gemfile
    📄 Gemfile.lock
    📄 Guardfile
    📄 Procfile
    📄 Rakefile
    📄 README.md

圖 7.21：在 Atom 中的範例應用程式

C:\Users\Admin\Documents\sample_app_3rd_edition-master — Atom

File   Edit   View   Selection   Find   Packages   Help

圖 7.22：收起樹狀結構

7.4.1 模糊開啟

在樹狀結構中可以使用雙擊來開啟檔案，但對於擁有大量檔案的專案來說，特別是還有許多個子目錄，通常不容易找到你要的檔案。一個便利的替代方案是模糊開啟 (Fuzzy Opening)，在 Atom 中它允許我們透過按 ⌘ + P 鍵，然後輸入檔名中一部份的字母來打開檔案。例如，我們可以透過輸入「userscon」並從下拉選單中選擇打開一個名為 **users_controller_test. rb** 的檔案，如圖 7.23 所示。需要注意的是，輸入的字母並不一定是要相連的字母，因此輸入「uctt」(代表 users controller test) 也可以，如圖 7.24 所示。

圖 7.23：使用模糊開啟打開檔案的一種方法

圖 7.24：使用模糊開啟打開檔案的另一種方法

當你在專案中開啟多個檔案時，編輯器通常會開啟多個分頁 (圖 7.25)。我建議學習用快捷鍵在分頁間切換，這些快捷鍵通常是像 ⌘ + 1、⌘ + 2 等等。

TIP 順帶一提，這個技巧也適用於許多瀏覽器，如 Chrome 和 Firefox。

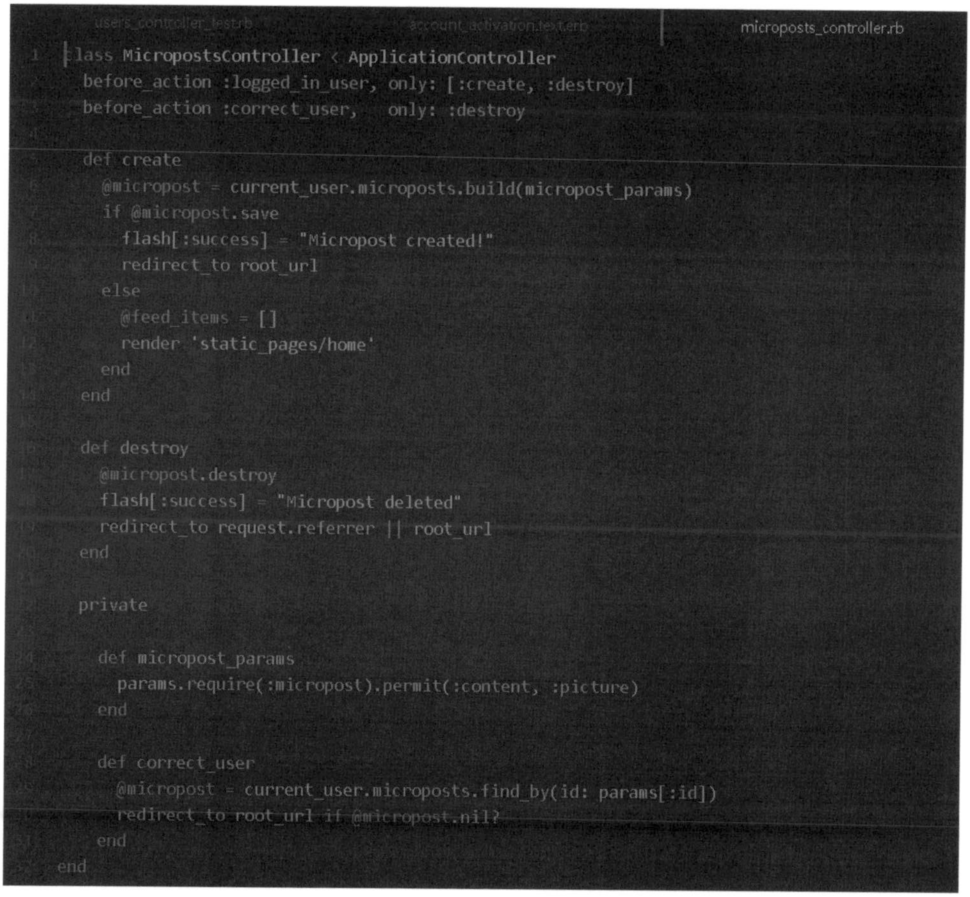
users_controller_test.rb
account_activation.text.erb
microposts_controller.rb
class MicropostsController < ApplicationController
  before_action :logged_in_user, only: [:create, :destroy]
  before_action :correct_user,   only: :destroy

  def create
    @micropost = current_user.microposts.build(micropost_params)
    if @micropost.save
      flash[:success] = "Micropost created!"
      redirect_to root_url
    else
      @feed_items = []
      render 'static_pages/home'
    end
  end

  def destroy
    @micropost.destroy
    flash[:success] = "Micropost deleted"
    redirect_to request.referrer || root_url
  end

  private

    def micropost_params
      params.require(:micropost).permit(:content, :picture)
    end

    def correct_user
      @micropost = current_user.microposts.find_by(id: params[:id])
      redirect_to root_url if @micropost.nil?
    end
end

圖 7.25：開啟多個分頁

7.4.2 多視窗

我們之前見到的大部分範例中，預設編輯器是由單一視窗組成的，但將編輯器分成多個視窗通常更方便，這樣我們可以同時查看多個檔案 (圖

7.26)。我尤其喜歡對不同類型的檔案使用不同的視窗，例如左邊的視窗顯示測試程式碼，將右邊的視窗顯示應用程式碼。同時在兩個不同的視窗中打開相同的檔案也很有用 (圖 7.27)。

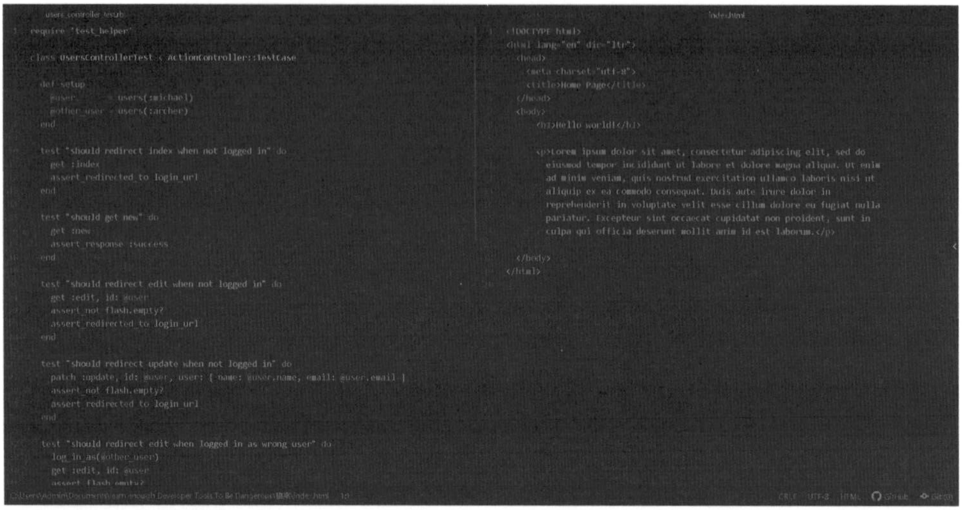

圖 7.26：使用多個視窗

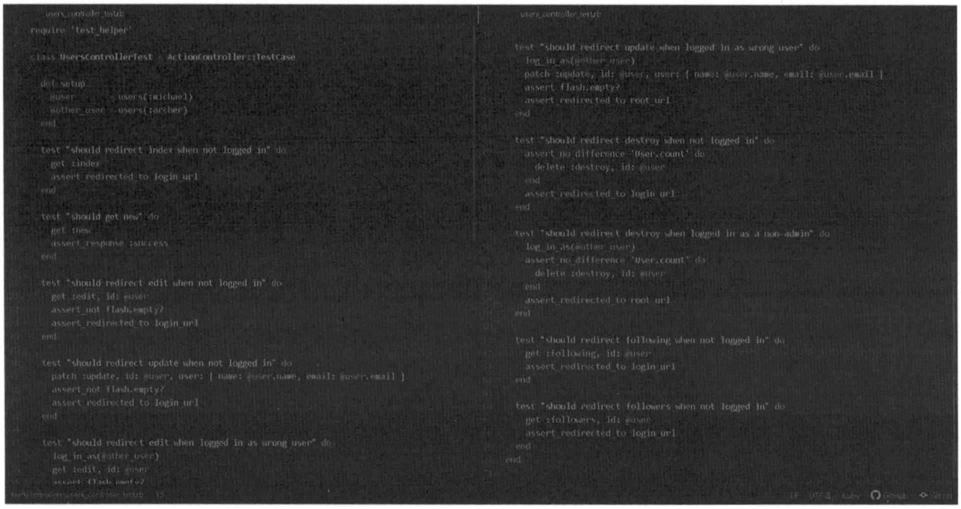

圖 7.27：在兩個不同的視窗中打開同一個檔案

當因各種原因搜尋檔案時 (修正錯誤、尋找交叉參考的標籤、搜尋特定的字串等)，移動游標後容易找不到原先所在的位置。在這種情況下，用兩個不同的視窗開啟相同的檔案很有幫助。這樣，我們可以使用其中一個視窗作為主要的撰寫區域，另一個視窗則可以「任意查看」檔案內容，隨意移動游標。

⚡ **注意**：「視窗 (Panes)」有時會被稱為「群組 (Groups)」(如在 Sublime Text 中)。

7.4.3　全域查詢與取代

我們在第 6.8 節介紹過如何在單一檔案中搜尋並選擇性地取代內容。編輯專案時，常常需要能夠在多個檔案進行全域查詢和取代。像往常一樣，大多數編輯器都有對應的功能選單 (圖 7.28) 和鍵盤快捷鍵 (通常是 ⇧ ⌘ + F 鍵)。

Find in Buffer	Ctrl + F
Replace in Buffer	
Select Next	Ctrl + D
Select All	Alt + F3
Toggle Find in Buffer	
Find in Project	Ctrl + Shift + F
Toggle Find in Project	
Find All	
Find Next	F3
Find Previous	Shift + F3
Replace Next	
Replace All	
Clear History	
Find Buffer	Ctrl + B
Find File	Ctrl + P
Find Modified File	Ctrl + Shift + B

圖 7.28：全域查詢與取代的功能選單

圖 7.29 中，我們可以看到一個全域搜尋的例子，在所有檔案中搜尋
「@user」這個字串。如果使用全域取代將「@user」換成「@person」，則
執行結果如圖 7.30 所示。

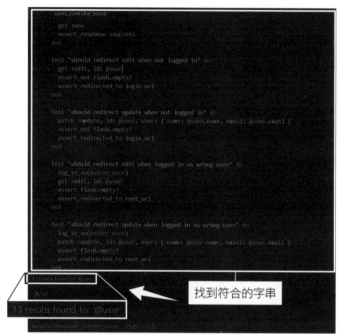

找到符合的字串

圖 7.29：
專案中查詢的結果

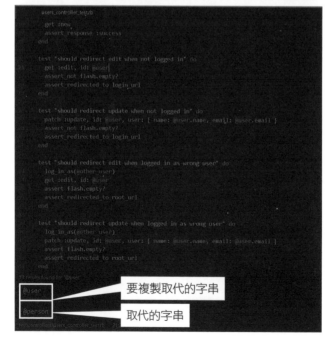

要複製取代的字串

取代的字串

圖 7.30：
專案中取代的結果

為了進行更複雜的文字取代，我們可以使用第 3.4 節中提過的常規表達式 (Regular Expressions，簡稱 regexes) 來進行文字比對。現在，讓我們看看如何使用常規表達式，將專案中所有函式定義加上註解，如下所示修改：

```
def foo
```

變成：

```
def foo   # function definition
```

還有下面這個也要改：

```
def bar
```

變成：

```
def bar    # function definition
```

我最喜歡用類似 regex101 這樣的網頁應用程式來建立常規表達式 (正如第 3.4 節中所述)，它能夠允許我們以互動的方式建立常規表達式 (如圖 7.31 所示)。此外，這類資源通常還包括快速參考指南，以協助我們找到符合目標字串的語法 (圖 7.32)。

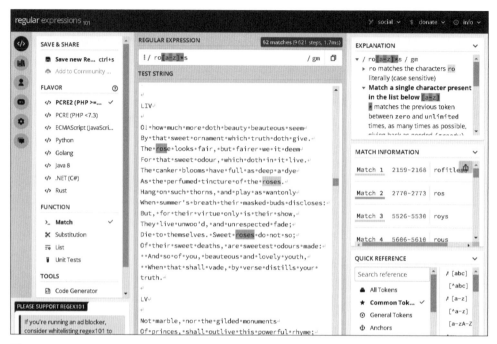

圖 7.31：線上常規表達式測試工具

我們可以參考圖 7.32 的資訊，搜尋以 **def** 開頭，後面接著任意一串字元的常規表達式，如下所示：

```
def .*
```

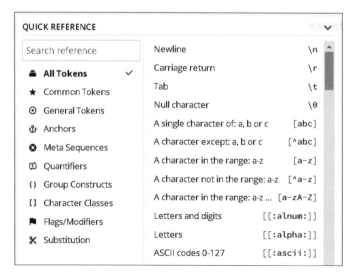

圖 7.32：常規表達式參考的放大畫面

這裡的 **.** 代表「任何字元」，而 ***** 則代表零個或多個字元。使用 **def .*** 進行全域查詢來找出所有函式的定義，如圖 7.33 所示。

⚡
\注意/ **請注意**，在大多數編輯器中，必須透過點擊常規表達式的比對圖示 (如圖 7.33 中的 .*) 才能啟用常規表達式的比對功能。

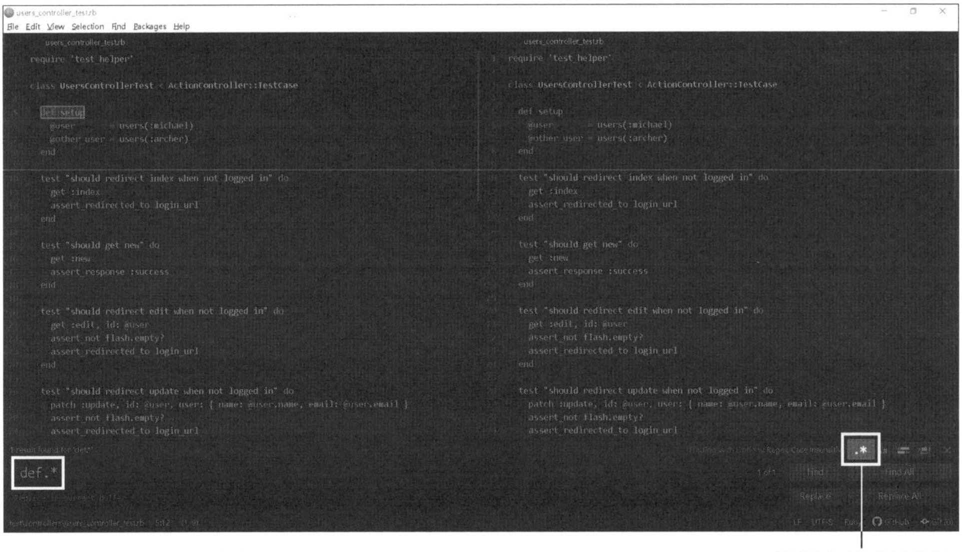

圖 7.33：比對常規表達式　　　　　　　　　　　　　　　常規表達式的圖示

　　我們可以使用括號來建立 2 組不同的比對目標，以完成上述提到的取代動作：

```
(def) (.*)
```

　　這裡的第 1 組是固定字串 **def**，而第 2 組則是隨著函式定義而變化的內容。(兩組都符合的比對結果跟圖 7.31 會是一樣的) 在編輯器的「Replace (取代)」欄位中，我們可以使用特殊符號 $ 加上數字對應不同組的比對結果，以便進行取代。

```
(def) (.*)
```

與

```
$1 $2    # function definition
```

例如，當比對 **def foo** 時，**$1** 為 **def**，**$2** 為 **foo**；當比對 **def bar** 時，**$1** 仍為 **def**，但 **$2** 為 **bar**。這意味著我們可以使用圖 7.34 中顯示的命令同時註解所有的函式定義。實際完成這個取代工作就留待你自己練習（第 7.4.4 節）。

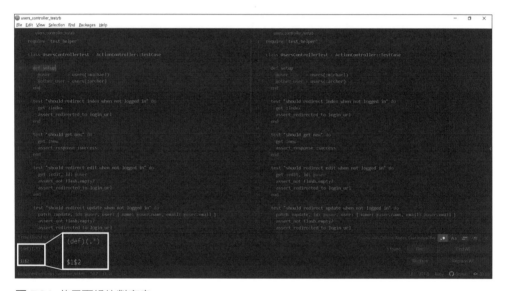

圖 7.34：使用兩組比對字串

使用全域查詢和取代時需要注意的是，這樣做可能很難進行復原。在單一檔案的情況下，使用 ⌘ + Z 鍵（第 6.6 節）可以輕鬆回復錯誤的取代結果，但在跨多個檔案取代時，我們必須在每個受影響的檔案中執行 ⌘ + Z 鍵（檔案可能有數十個）。因此，我建議謹慎使用全域查詢和取代，最好與版本控制系統（例如 Git）組合使用。我通常的做法是在進行全域查詢和取代之前先備份，這樣如果出現錯誤，我就可以輕鬆復原。

7.4.4 練習

1. 你的編輯器中切換樹狀視圖的鍵盤快捷鍵是什麼？

2. 你的編輯器中水平分割視窗的快捷鍵是什麼？

3. 在範例應用程式的專案中，利用模糊開啟的方式，打開名為 static_pages_controller.rb 的檔案。

4. 使用全域查詢來尋出所有含有 **@user** 的字串。

5. 使用全域取代將所有的 **@user** 更改為 **@person**。

6. 使用常規表達式來比對出所有具有 **# function definition** 的函式定義。

7.5 客製化功能

所有優秀的文字編輯器都具有高度的客製化功能，但具體的設定因編輯器而異。最重要的是 (1) 知道可以進行什麼樣的客製化設定，以及 (2) 應用你的技術成熟度 (延伸學習 5.2) 來找出如何依照所需進行更改。

例如，雖然不確定具體的操作方式，但我確信像 Cloud9 編輯器這樣的優秀編輯器肯定支援更換背景色，因為任何優秀的編輯器都有多種顏色突出顯示的方式、字型大小、分頁大小等功能，所以我有信心能夠找出在 Cloud9 編輯器上更改背景顏色的方法。果然，在點擊一些有可能的選單項目 (延伸學習 5.2 中的範例應用程式) 後，我找到了答案 (Preferences (齒輪圖示) > Themes > Syntax Theme > Cloud9 Day)，如圖 7.35 所示。

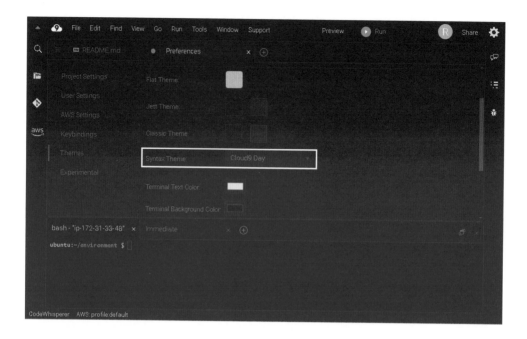

圖 7.35：淺色背景的 Cloud9 編輯器

優秀的文字編輯器常見的功能之一就是擁有套件（或稱外掛）系統。例如，在第 6.2.2 節中，我們看到 Atom 內建了可以預覽 Markdown 的套件，但在 Sublime Text 中我們需要另外安裝一個叫 Package Control 的套件才能預覽 (https://packagecontrol.io/)。可以透過在 Google 上搜尋更多的訊息來尋找新的套件，這能帶領我們找到像圖 7.36 的網站。結果在 Sublime Text > Preferences > Package Control 下新增了一個選項，如圖 7.37 和圖 7.38 所示。

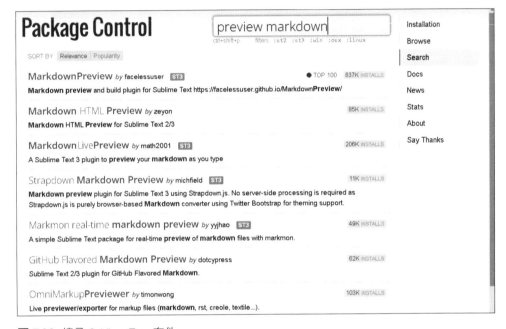

圖 7.36：搜尋 Sublime Text 套件

圖 7.37：Sublime Text 功能選單的「Package Control」

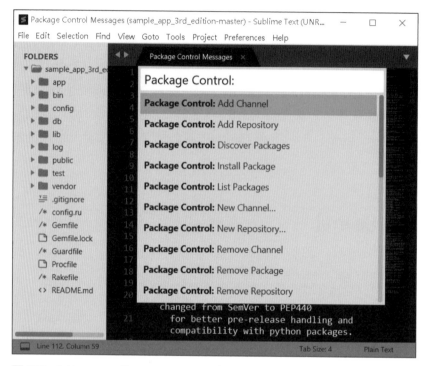

圖 7.38：Sublime Text 的 Package Control 功能

　　大多數的編輯器都允許你建立自己的命令套件，並支援自定義的 Tab 觸發器（第 7.1 節）。這些都是進階的主題，所以我建議暫時先將它們放到一旁。當你開始因為反覆輸入相同的固定格式（例如，範例 7.11）而感到厭煩時，請 Google 如何將自定義命令加到你的編輯器中。

⚡\TIP/ 範例 7.11 中的程式碼是使用自定義的 Sublime Text Tab 觸發器 **clist** (code listing) 產生的，我還將它移植到了 Atom 中。

範例 7.11：本檔案中程式碼的範例

```
\begin{codelisting}
\label{code:}
\codecaption{}
%= lang:
\begin{code}

\end{code}
\end{codelisting}
```

7.5.1　練習

1. 找出如何在你的編輯器中改變突顯語法的方式，並使用範例 7.6 中的檔案來確認是否更改成功。

7.6　小結

❏ 自動完成和 Tab 觸發器使輸入大量文字變得快速容易。

❏ 所有優秀的文字編輯器都具備支援撰寫程式碼的特殊功能，包括突顯語法、註解、縮排與取消縮排，以及直接跳至特定行號等。

❏ 許多程式設計師認為每行超過 80 個字元是完全沒問題的，但我強烈建議不要超過。(延伸學習 5.4)

❏ 當你知道如何使用命令列和文字編輯器後，就可以輕鬆地將自訂的 shell script 新增到系統中。

❏ 當在編輯擁有大量檔案的專案時，模糊開啟功能非常有用。

❏ 使用多個分頁可以讓編輯器同時顯示多個檔案。

❏ 全域查詢和取代雖然有風險，但功能強大。

❏ 所有優秀的編輯器都具有可擴充與可自訂的特性。

本章重要的命令都整理在表格 7.1 中。

表格 7.1：第 7 章的重要命令

命令	描述
Select ＋ ⌘ ＋ / 鍵	切換註解狀態
Select ＋ ➞|	縮排
Select ＋ ⇧ ➞|	將縮排取消
ˆG	跳到指定行號
⌘ ＋ W 鍵	關閉一個分頁
$ echo $PATH	顯示目前的路徑變數
$ chmod ＋x <filename>	讓檔案具備執行權限
$ unzip <filename>.zip	解壓縮 ZIP 檔案
⌘ ＋ P 鍵	模糊開啟
⌘ ＋ 1 鍵	切換到第 1 個分頁
⇧⌘ ＋ F 鍵	全域查詢和取代

7.7 總結

恭喜！你現在已經有足夠的文字編輯器知識去應對挑戰了。如果你繼續進行這樣的技術學習，將在未來幾年中不斷進步，提升使用文字編輯器的技能，而本書為你提供了良好的起點。就目前而言，你最好利用你所擁有的資源，並在必要時應用你的技術成熟度（延伸學習 5.2）。一旦你有了更多的經驗，建議尋找專為你所選擇的編輯器設計的資源。以下是一些本書中提到的編輯器的檔案連結，可供你參考使用：

❑ Atom 檔案 (https://atom.io/docs)

❑ Sublime Text 檔案 (https://www.sublimetext.com/docs/)

❑ Cloud9 編輯器檔案 (https://aws.amazon.com/cloud9/details/)

第三篇 Git / GitHub

8

Git 入門

在本書中，我們已經介紹過 2 種對於軟體開發者及與他們合作的相關人員來說非常重要的技能：在第 1 篇中，我們學習了如何使用 Unix 命令列；在第 2 篇中，我們學會了如何使用文字編輯器。而第 3 篇將介紹第 3 個必備技能：版本控制。

本篇與前 2 篇一樣，不假設讀者熟悉這類工具。所以，如果你對「版本控制」一無所知也不必擔心。即使你已經對這個主題有所了解，也很可能會從本篇中學到許多新東西。無論如何，第 3 篇不僅可以幫助你做好學習其他電腦技能的準備，還可以去面對種類繁多的應用程式，包括最後的特別驚喜（延伸學習 8.1）。

延伸學習 8.1：真正的藝術家會付諸實行

如同蘋果公司的傳奇創辦人史蒂夫·賈伯斯所說：真正的藝術家會把理念付諸實踐。從本章開始，我們會在每個章節中至少實踐1項技能。實際上，在本篇中，我們將完成2個東西：一個是建立公開的 Git 儲存庫，另一個是驚喜的自我挑戰，這將讓你從同儕中脫穎而出。

版本控制解決了一個問題，如果你曾看過像是名為 **Report_2014_1.doc**、**Report_2014_2.doc**、**Report_2014_3.doc** 或是 **budget-v7.xls** 的 Word 檔案或 Excel 試算表，這種情況應該對你來說並不陌生。這些冗長的名稱展現了追蹤不同版本的檔案是多麼麻煩的事。雖然像 Word 這樣的應用程式有時提供內建的版本追蹤功能，但這通常只在特定的應用程式中有效，不適用於其他類型的檔案。許多技術性的應用程式（包括大部分的網站和程式設計專案）都需要一個通用的方案來解決版本問題。

版本控制系統 (VCS，version control system) 提供了一種自動追蹤軟體專案變更的方式，讓作者能夠查看檔案和目錄的先前版本，在測試功能時不會干擾主要的開發流程，安全地備份專案及其歷史紀錄，並且方便與他人合作。此外，使用版本控制也讓部署網站和網頁應用程式變得容易許多。

因此，至少熟練 1 種版本控制系統成為了技術成熟度 (延伸學習 8.2) 的重要一環，無論對開發人員、設計師或管理人員來說都是非常有用的技能。這特別適用於本書介紹的版本控制系統，也就是 Git。

延伸學習 8.2：技術成熟度

本書主要的主題是發展技術成熟度，這是硬實力和軟實力的組合，讓你彷彿能像「Tech Support Cheat Sheet」(https://m.xkcd.com/627/) 中 xkcd 所描述的那樣，神奇地解決任何技術問題。本篇對於培養這些技能來說相當重要，因為至少能使用一種現代版本控制系統，是技術成熟度的一個關鍵部份(可以說專不專業就看這裡了)。

在 Git 的環境中，技術成熟度包含了幾個要素。許多 Git 命令能在終端畫面上顯示各種細節；具備技術成熟度的你，可以分辨哪些資訊是重要的，哪些可以忽略。網路上也有許多跟 Git 相關的資源可以使用，換句話說，用 Google 搜尋往往是尋求幫助的好方法，它能幫助你找出當下所需的命令。技術成熟度能讓你找出最佳的關鍵字來尋找需要的答案，例如，如果你需要刪除一個遠端分支 (第 11.3.1 節)，搜尋「git delete remote branch」很可能會找到一些有用的資訊。此外，像是 GitHub、GitLab 和 Bitbucket 這樣的第三方儲存庫管理網站，都提供一些命令來幫助你進行各種設定，透過技術成熟度，你會有自信能依照步驟進行，即使你不完全明白每一個細節。

Git 中一個有用的命令是 git help，它本身就提供了有關 Git 使用方式的指南，搭配特定命令使用則可查詢該命令的更多訊息。例如，使用 git help add 會顯示 git add 命令的詳細資訊。git help 的輸出結果與第 1.4 節所述的 man 頁面類似：雖然資訊豐富，但有時難以理解。如同往常一樣，運用你的技術成熟度幫助你理解它。

「Tech Support Cheat Sheet」這張圖大致上展示了 IT 人遇到問題時的思考模式。

多年來，版本控制已經有了很大的進展。Git 是其中的一員，其家族還包括像是 RCS、CVS 和 Subversion 這樣的工具。目前也有許多其他的版本控制系統在使用中，例如 Perforce、Bazaar 以及 Mercurial。我提到這些只是為了展示版本控制系統的多樣性，並不是說你必須了解它們全部。但麻煩的是，一旦你選定了一種版本控制系統後，就很難從這個系統轉到另一種。

然而，在過去幾年的開源版本控制系統之爭中，Git 無庸置疑成為了贏家。這也是本篇命名為 Git（篇名的另一個主角 GitHub 下一章會介紹）而不是版本控制的主要原因。儘管如此，許多概念都是通用的，如果你有機會需要操作不同的版本控制系統，本教學也能提供你寶貴的入門經驗與知識。

Git 最初是由 Linux 創始人 Linus Torvalds [註1] 開發，為了托管 Linux 核心而設計出 Git，這是一個建立於 Unix 傳統之上的命令列程式（這就是為什麼熟悉 Unix 命令列的知識是重要前提）。Git 具備了強大的功能、速度，以及廣泛的使用度，使得其他版本控制系統無法與之相比，但學起來可能會有點難，一般 Git 教學往往一下子就引入許多複雜的理論，這些理論學起來可能很有趣 (?)，但實際上只有少數的 Git 使用者能理解（如 xkcd 所描繪的網路漫畫「Git」(https://m.xkcd.com/1597/)）。還好，要有效率開始使用 Git，你會用到的命令並不多，我們在第 11.7 節列出了一些更進階和理論導向的資訊，但在本書中，我們主要聚焦於 Git 的基本命令。注意：如果你正在使用 macOS，這時應該按照「延伸學習 2.3」的說明來操作。

⚡\TIP/　「Git」這張圖大致上展示了雖然知道如何使用 Git 但是並不知道執行的這些代表什麼。

8.1 安裝和設定

Git 最常見的使用方式是透過命令列程式，也就是 **git** 命令，透過這個命令，我們可以將一般的 Unix 目錄轉換成一個儲存庫（或者稱為 repo)，讓我們能夠追蹤專案的變更 [註2]。在這一節，我們會先開始安裝 Git（如有需要的話），以及進行初次設定。

在進行任何其他的步驟之前，我們首先要檢查系統中是否已經安裝了 Git。提醒一下，我們是在 Unix 環境下進行工作，因此強烈建議你使用

註1. Git 是一個帶有輕微侮辱性的英國俚語，指的是愚蠢或煩人的人，Linus 喜歡開自己的玩笑，他常自稱以自己的名字命名 Linux 和 Git。

註2. 正如我們將在第 8.2 節中看到的，Git 使用一個名為 **.git** 的特殊隱藏資料夾來追蹤變更，但在本書中，這些細節並不是重點。

macOS 或 Linux。對於 Windows 的使用者，一樣建議按照 A.3.3 節的指示設置一個與 Linux 相容的開發環境，或者使用 A.2 節討論的基於 Linux 的雲端整合開發環境。

要檢查 Git 是否已經安裝，最簡單的方法是打開終端機視窗，然後在命令列使用 **which** 命令 (第 3.1 章)，以確認 **git** 的可執行檔是否已存在：

```
$ which git
/usr/local/bin/git
```

如果結果顯示為空，或者出現找不到該命令的訊息，那就代表你需要手動安裝 Git。為了進行這項操作，請根據 Git 官方檔案中的「Git 安裝教學」(https://git-scm.com/book/zh-tw/v2/ 開始-Git-安裝教學) 所提供的指引進行操作。

接下來的步驟是確保你的 Git 版本足夠新，你可以用以下的方式來檢查：

```
$ git --version
git version 2.31.1     # 至少應該是 2.28.0
```

若你的 Git 版本太舊了，那麼你可以依照「Git 安裝教學」的指導重新進行安裝，或者參考以下的建議進行操作：

❏ **雲端開發環境**：如你依照附錄 A.2 的建議使用雲端 IDE，請依照範例 8.1 的命令進行操作。

❏ **macOS**：如果你正在使用 macOS，請執行範例 8.2 中的命令。(如果你還未安裝 Homebrew，請先根據這份教學來安裝 Homebrew (https://brew.sh/)。)

範例 8.1：在雲端整合開發環境中升級 Git

```
$ source <(curl -sL https://cdn.learnenough.com/upgrade_git)
```

範例 8.2：在 macOS 上升級 Git

```
$ brew upgrade git
```

安裝 Git 後，在開始一個專案之前，我們需要進行一些一次性的初始化設定，如範例 8.3 所示。這些設定屬於全域設定，代表同一部電腦上只需要設定一次即可 (暫時不用擔心這些命令的具體含義或結構)。

範例 8.3：一次性全域設定參數

```
$ git config --global user.name "Your Name"
$ git config --global user.email your.email@example.com
$ git config --global init.defaultBranch main
```

前兩項設定是讓 Git 可以透過名字和電子郵件地址來辨識你在專案中的變更，這在與他人合作時特別有用 (第 11 章)。需要注意的是，你在範例 8.3 中使用的名字和電子郵件地址，在任何你公開的專案都能看見，所以不要輸入你希望保密的資訊。

在第 8.3 節的代碼中，第 3 行將 Git 預設的分支名稱設為 **main**，這是目前推薦的預設值。你應該要知道，Git 自從誕生以來的頭 15 年以上，預設的分支名稱都是 **master**，所以你可能仍然會遇到許多使用 **master** 而非 **main** 的 Git 儲存庫。欲知更多資訊，請參閱 Learn Enough 的部落格文章「Default Git Branch Name with Learn Enough and the Rails Tutorial」(https://news.learnenough.com/default-git-branch-name-with-learn-enough-and-the-rails-tutorial)。

除了在第 8.3 節提到的設定之外，書中還包含了一些我建議讀者在日後完成的進階設定 (第 11.6 節)。如果你對 Git 已經有一定程度的了解，或者你是一位熟練的 Unix 命令列使用者，我建議你現在就完成第 11.6 節的進階設定步驟，反之則建議過一段時間再進行這些操作。

8.1.1 練習

1. 在命令列執行 **git help**。列出的第 1 條命令是什麼？

2. 有可能因為 **git help** 的完整輸出結果太多，無法全部顯示在你的終端機視窗中，其中大部分要捲動顯示。要讓我們能夠以互動方式瀏覽 **git help** 的輸出指令是？(在某些系統上，你可以使用滑鼠在終端機視窗中捲動瀏覽，但是這種方式並不好。) 提示：將輸出內容用 pipe (第 3.2.1 節) 轉接給 **less** 工具 (第 3.3 節)。

3. Git 將全域設定儲存在我們的主目錄中的一個隱藏資料夾裡。藉由查看這個 **~/.gitconfig** 檔案並使用你選擇的工具 (例如 **cat**、**less** 或是文字編輯器等)，確認範例 8.3 中所做的設定是否已正確記錄在這個簡單的文字檔案中。

8.2 初始化儲存庫

現在，我們要開始建立一個專案，並且利用 Git 進行版本控制。為了更好地理解 Git 的運作方式與其帶來的好處，我們需要一個具體的應用範例，所以我們將追蹤一個簡單專案的變動。這是一個小型網站專案，包含 2 個頁面：首頁和介紹的頁面。我們將從在 **repos** 的資料夾中建立一個名為 **website** 的通用資料夾開始：

```
[~]$ mkdir -p repos/website
```

在這裡，我們已經使用了「make directory」的命令 **mkdir** (第 4.2 節) 來建立資料夾，並搭配了 **-p** 選項，該選項讓 **mkdir** 能夠建立路徑中不存在的資料夾 (在這個案例中，就是 **repos**)。此外，你應該也注意到我已將當前的資料夾包含在提示字元中 (即這裡的 **[~]**)，這是根據範例 11.15 的設定所作的安排。

在建立目錄之後，我們可以依照以下方式 **cd** 進入該目錄：

```
[~]$ cd repos/website/
[website]$
```

⚡ 回想一下第 2.4 節的內容，當我們要切換到不同目錄時，可以利用 [Tab] 鍵來自動完成
\TIP/ 命令。所以在實際操作時，我可能只會輸入類似於 **cd re →| w →|**。

　　即使 **website** 目錄是空的，我們仍然可以將其上傳至儲存庫。你可以
將儲存庫視為一種擁有額外功能的 Unix 目錄，這些功能使其能夠追蹤每
個檔案和子目錄的變化。使用 Git 建立新儲存庫的方式，就是透過 **init** 命
令 (initialize（初始化）的簡寫)，這會在目錄中建立一個特殊的隱藏資料夾
.git，Git 會在此儲存追蹤專案變更的資訊。(正是具備設定良好的 **.git** 目
錄，才讓 Git 儲存庫與普通目錄有所區別。)

　　所有的 Git 命令都是由命令列程式 **git** 後面跟著命令名稱組成，所以，
要初始化一個儲存庫的完整命令就是 **git init**，如範例 8.4 所示。

範例 8.4：初始化一個 Git 儲存庫

```
[website]$ git init
Initialized empty Git repository in /Users/mhartl/repos/website/.git/
[website (main)]$
```

　　如範例 8.4 所示的 prompt，同時包括了第 2 篇 (範例 6.6) 中的 Bash 客
製化以及第 11.6.2 節的進階設定，因此你的 prompt 可能會與範例中的不同
[註3]。尤其是在範例 8.4 中，prompt 顯示了目前的 Git 分支名稱 **main**。如果
你不清楚分支的用途，不用擔心，我們會在第 10.3 節開始討論分支的相關
主題。

註3. 更多資訊請參見 Learn Enough 部落格文章「Using Z Shell on Macs with the Learn Enough
Tutorials」(https://news.learnenough.com/macos-bash-zshell)。

8.2.1　練習

1. 通過執行 **ls -a**（第 2.2.1 節），列出你 **website** 目錄中的所有檔案和資料夾。請問 Git 儲存庫使用的隱藏資料夾名稱是什麼？(每個專案都會有一個這樣的隱藏目錄。)

2. 利用前一個練習的結果，對隱藏資料夾執行 **ls** 命令，並嘗試猜測主要的 Git 設定檔的名稱。然後利用 **cat** 命令將該設定檔的內容呈現在螢幕上。

8.3　我們的第 1 次提交

在我們的儲存庫是空的情況下，Git 不會讓我們完成初始化，因此我們需要對當前資料夾進行一些更動。稍後我們會進行有實質意義的更改，但目前我們只需要使用 **touch** 來建立一個空的檔案 (範例 2.2)。在此例子中，我們正在建立一個簡單的網站，而常見的做法是將首頁命名為 **index.html**。

```
[website (main)]$ touch index.html
```

在建立了第 1 個檔案後，我們可以透過 **git status** 命令來查看結果。

```
[website (main)]$ git status
On branch main

No commits yet

Untracked files:
  (use "git add <file>..." to include in what will be committed)
        index.html

nothing added to commit but untracked files present (use "git add" to
track)
```

從這裡我們可以看到，**index.html** 檔案的狀態顯示為「untracked」，這表示 Git 尚未開始追蹤這個檔案。要讓 Git 追蹤這個檔案，我們可以透過 **git add** 命令將其加入。

```
[website (main)]$ git add -A
```

在這裡，使用 **-A** 選項告訴 Git 要新增所有未追蹤的檔案，儘管在這個例子中只有一個檔案。根據我的經驗，當你新增檔案到 Git 時，有 99% 的情況你會希望將所有未追蹤的檔案全部一起新增，所以這是一個值得養成的好習慣，而如何新增單一檔案則留作練習（第 8.3.1 節）。順帶一提，功能幾乎相等的命令是 **git add .**，其中的點表示當前目錄，這也是一個常見的使用方式 [註4]。

我們可以再次執行 **git status** 來查看 **git add -A** 的結果：

```
[website (main)]$ git status
On branch main

No commits yet

Changes to be committed:
  (use "git rm --cached <file>..." to unstage)
        new file: index.html
```

「unstage」表示檔案的狀態從未追蹤提升為已暫存，這代表該檔案已準備好加入至儲存庫中。未追蹤 (Untracked) / 未暫存 (unstaged) 與已暫存 (staged) 是 Git 隨著修改產生的狀態變化，如圖 8.1 所示。

⚡\TIP/ 從技術角度來看，未追蹤和未暫存是兩種不同的狀態，不過這個區別不常被特別關注，因為使用 **git add** 能同時追蹤和暫存檔案。

註4. 在罕見的情況下，兩者會有所不同，這時使用 **git add -A** 通常比較符合你想要的結果，這也是在官方的 Git 檔案 (https://git-scm.com/docs/git-add) 中所使用的，所以我們這裡就採用這個。

圖 8.1：修改檔案時的主要 Git 狀態變化流程

如圖 8.1 所示，當我們將變更放入暫存區後，我們可以透過使用 **git commit** 將其提交，成為本地儲存庫的一部分。(我們將在第 9.3 節中介紹圖 8.1 的最後一步驟，也就是 **git push**。) 在大多數情況下，我們使用 **git commit** 的時候會加入選項 **-m** 以附加訊息，說明該提交的目的 (延伸學習 8.3)。這裡的目的是初始化新的儲存庫，我們可以用下列方式來表示：

```
[website (main)]$ git commit -m "Initialize repository"
[main (root-commit) 44c52d4] Initialize repository
 1 file changed, 0 insertions(+), 0 deletions(-)
 create mode 100644 index.html
```

⚡ \TIP/ 　為了完整性，我在這裡展示了我電腦上的輸出結果，但與你電腦上顯示的細節會有所不同。

延伸學習 8.3：提交至 Git

Git 要求每次提交都要包含描述該提交目的的提交訊息。通常會是一行文字，限制在大約 72 個字元左右，如果需要，還可以附加一條更長的訊息 (第 11.2.3 節)。雖然每次提交的訊息都會有所不同 (就像 xkcd 所描繪的「Git Commit」(https://m.xkcd.com/1296/) 那樣幽默)，本書採用祈使句文法 (第二人稱、現在式) 來命名提交訊息，就類似「Initialize repository」而非「Initializes repository」或是「Initialized repository」，這是因為 Git 將提交模型視為一連串的文字變化，所以描述每次提交對於專案的作用比描述它們實際所做的事情更有意義。此外，這種用法也與 Git 命令本身產生的提交訊息形式也是一致的。想了解更多訊息，請參閱 GitHub 文章「Shiny new commit styles」(https://github.blog/2011-09-06-shiny-new-commit-styles/)。

⚡ \TIP/ 　「Git Commit」這張圖大致上展示了隨著專案製作時間的增加，提交的訊息內容漸漸失去實質意義。

到這邊，我們可以使用 **git log** 來查看我們提交的紀錄。

```
[website (main)]$ git log
commit 44c52d432d294ef52bae5535dc6dcb0993175a04 (HEAD -> main)
Author: Michael Hartl <michael@michaelhartl.com>
Date:   Thu Apr 1 10:30:38 2021 -0700

    Initialize repository
```

提交動作會被一個稱為雜湊的識別碼標記，它是由字母和數字混合而成的獨特字串，Git 使用它來標記各個提交動作，並讓 Git 能夠找出提交異動的內容。在我的電腦上，這個雜湊值顯示為：

```
44c52d432d294ef52bae5535dc6dcb0993175a04
```

然而，由於每個雜湊值都是獨一無二的，所以你的結果會有所不同。這種雜湊值經常被稱為「SHA」(讀音為 shah)，是產生這種雜湊值的安全雜湊演算法 (Secure Hash Algorithm) 的縮寫。我們會在第 10.4 節中使用這些 SHA，而且許多進階的 Git 操作也仰賴它們的存在。

8.3.1　練習

1. 請在你的版本控制儲存庫目錄中，利用 **touch** 命令來建立名為 **foo** 和 **bar** 的空白檔案。

2. 透過執行 **git add foo**，將 **foo** 加入到暫存區。然後用 **git status** 確認操作是否成功。

3. 使用 **git commit -m** 並附上適當的提交訊息，將 **foo** 新增到儲存庫中。

4. 透過執行 **git add bar**，將 **bar** 加入到暫存區。再用 **git status** 來確認是否已經成功新增。

5. 現在執行不加上 **-m** 選項的 **git commit** 命令。利用 Vim 的技巧 (第 5.1 節)，加入「Add bar」這串訊息，儲存後退出。

6. 利用 **git log** 命令，確認前面練習中的提交動作是否正常執行。

8.4 查看差異

在執行提交動作前，能夠先檢視即將提交的內容往往相當實用。為了展示它是如何運作的，讓我們透過重新導向 echo 的輸出（第 2.1 節）來為 index.html 新增一些內容，建立一個「hello, world」的頁面：

```
[website (main)]$ echo "hello, world" > index.html
```

回想一下，我們在第 2.1 節介紹過 Unix 的差異分析工具 **diff**，它能夠讓我們透過輸入命令，比較 **foo** 與 **bar** 兩個檔案之間的差異。

```
$ diff foo bar
```

Git 也具備一個類似的功能，稱為 **git diff**。這個指令預設只會展示目前專案最後一次提交與尚未暫存 (unstaged) 的變更之間的差異：

```
[website (main)]$ git diff
diff --git a/index.html b/index.html
index e69de29..4b5fa63 100644
--- a/index.html
+++ b/index.html
@@ -0,0 +1 @@
+hello, world
```

由於第 8.3 節所新增的內容是空的，因此這裡的 diff 僅會顯示一筆新增：

```
+hello, world
```

我們可以在 **git commit** 命令中使用 **-a** 選項（代表「all」）來提交這次的更改，這個操作會安排目前現有檔案中的所有變更進行提交（範例 8.5)。

範例 8.5：提交所有修改的檔案變更

```
[website (main)]$ git commit -a -m "Add content to index.html"
[main 64f6529] Add content to index.html
 1 file changed, 1 insertion(+)
```

請注意，**-a** 選項只會更新已經在儲存庫中且有所修改的檔案，因此當有新檔案時，執行 **git add -A**（如第 8.3 節所述）以確保新檔案能被加入是很重要的。因為很容易只記得使用 **git commit -a**，導致只更新舊的檔案，而忘記要加入新的檔案，如何處理這種狀況將留作練習（第 8.4.1 節）。

在新增檔案並提交變更之後，現在已經沒有差異了：

```
[website (main)]$ git diff
[website (main)]$
```

其實，這裡只要簡單地新增修改就足夠了。執行 **git add -A** 命令也不會讓兩個版本之間出現任何差異。如果你想看到已經暫存 (staged) 的變更與儲存庫中先前版本的差異，可以使用 **git diff --staged** 命令。

我們可以透過執行 **git log** 命令來確認是否已經變更完成：

```
[website (main)]$ git log
commit 64f6529494cb0e193f05b0da75702feef854e176
Author: Michael Hartl <michael@michaelhartl.com>
Date:   Thu Apr 1 10:33:24 2021 -0700

    Add content to index.html

commit 44c52d432d294ef52bae5535dc6dcb0993175a04
Author: Michael Hartl <michael@michaelhartl.com>
Date:   Thu Apr 1 10:30:38 2021 -0700

    Initialize repository
```

8.4.1 練習

1. 使用 **touch** 命令建立一個名為 **baz** 的空白檔案。如果執行 **git commit -am "Add baz"**，會發生什麼事？

2. 使用 **git add -A** 將 **baz** 加入暫存區，然後輸入「**Add bazz**」訊息來提交。

3. 當你發現提交訊息中有寫錯字，可以用 **git commit --amend** 命令修正 **bazz** 成 **baz**。

4. 執行 **git log** 以取得最後一次提交的 SHA，然後使用 **git show <SHA>** 來查看差異，以驗證該訊息是否已被正確地修改。

8.5 新增 HTML 標籤

　　我們現已經了解 Git 最基本工作流程中的所有重要元素，因此在本節以及下一節中，我們將回顧我們所做的事，並了解所有內容是如何組合在一起的。我們會更頻繁的進行提交，每次改動的內容都不大，要特別提醒，這不代表實務上你也要這麼頻繁提交 (延伸學習 8.4)。這將為你打下一個堅實的基礎，以便建立你自己的工作流程與開發模式。

延伸學習 8.4：提交的時機問題

當初次學習 Git 時，一個常見的問題是不知道什麼時候該進行提交動作。遺憾的是這沒有標準答案，而且與實際使用的情況差異極大 (就像 xkcd 的漫畫「Git Commit」(https://m.xkcd.com/1296/) 所示)。我的建議是，每當你達到一個自然的停頓點，或者你改了很多地方，多到你會開始擔心遺失這些變更時，就進行提交。在實際操作中，這可能會導致更新內容大小的不一致。例如，不少人會工作一段時間後，進行一次大規模的提交，然後再進行較小的，比較不相關的更改。這種提交大小的不一致可能看起來有些奇怪，但這是一種常見的情況。

許多團隊 (包含大部分的開源專案) 都有他們自己的提交規則，這包括為了方便將多個提交壓縮成一個提交的做法 (參考第 8.2 節，你可以透過 Google 學習這些知識)。在這些情況下，我建議遵循該專案所採取的規則。

但其實不需要過於擔心，xkcd 的「Git Commit」有點誇張，而且隨著時間和經驗的累積，判斷何時提交會變得更容易。

如同之前的章節，我們將持續在主要的 **index.html** 檔案進行操作。首先，讓我們在文字編輯器和網頁瀏覽器中開啟這個檔案。可以直接透過圖形化介面的檔案瀏覽器開啟目錄，並雙擊檔案以在預設的瀏覽器中開啟它。無論你如何開啟該檔案，結果應該大致如圖 8.2 和圖 8.3 所示。

圖 8.2：在 Atom 中開啟的初始 HTML 檔案

圖 8.3：在網頁瀏覽器中開啟的初始 HTML 檔案

在這個階段，我們準備進行的修改是將「hello, world」從一般的文字提升為最高層級的標題。在 HTML 檔案中，要實現這個變化，我們需要使用標籤，此處最高層級的標籤為 **h1**。大部分的瀏覽器會將 **h1** 標籤設定為較大的字體，因此，當我們完成修改後 **hello, world** 的文字顯示應該會變大。請將 **index.html** 的現有內容替換成範例 8.6 所展示的內容。

⚡ \TIP/ 在這個和其他文字編輯的範例中，如果是親自輸入所有內容，而非複製貼上，將會學習到更多。

範例 8.6：top level 標題

```
<h1>hello, world</h1>
```

範例 8.6 展示了大部分 HTML 標籤所使用的基本結構。首先，有一個像是 **<h1>** 的開始標籤，其中的括號 **< >** 包住了標籤名稱 (在此例子中為 **h1**)。接著是內容，然後是一個跟開始標籤一樣的結束標籤，只是在開始的括號後面多了一個斜線：**</h1>**。需要注意的是，就像全球資訊網 (WWW) 的網址一樣，這裡使用的是斜線，而非反斜線，在 xkcd 漫畫「Trade expert」中幽默的引用了這個常見的混淆 (https://m.xkcd.com/727/)。

> ⚡ TIP 「Trade expert」這張圖大致上展示了日常生活中斜線與反斜線很常被混淆著使用。

當你重新整理網頁瀏覽器後，索引頁面的顯示應該會像圖 8.4 所示。如前面所述，h1 標題的文字字體大小會比較大，而且字體更粗。

hello, world

圖 8.4：新增 **h1** 標籤後的結果

如同以往，我們會執行 **git status** 和 **git diff** 命令來更深入了解我們將要提交到 Git 的內容。然而隨著經驗累積，你將只在必要時執行這些命令。status 命令的作用是告訴我們 **index.html** 已被修改：

```
[website (main)]$ git status
Changes not staged for commit:
  (use "git add <file>..." to update what will be committed)
  (use "git restore <file>..." to discard changes in working directory)
        modified: index.html

no changes added to commit (use "git add" and/or "git commit -a")
```

同時，diff 顯示出有一行已刪除 (以 **-** 表示)，而另一行被新增 (以 **+** 表示)：

```
[website (main)]$ git diff
diff --git a/index.html b/index.html
index 4b5fa63..45d754a 100644
--- a/index.html
+++ b/index.html
@@ -1 +1 @@
-hello, world
+<h1>hello, world</h1>
```

就如同 Unix 中的 **diff** 工具一樣，修改過或被標記的程式碼會盡可能地呈現在彼此接近的位置，以便一目了然的看出哪裡有所變動[註5]。

在此階段，我們準備好要提交更改後的檔案了。在範例 8.5 中，我們用 **-a** (all) 和 **-m** (message) 兩個選項來提交所有的待處理變更，並同時加入提交訊息。但其實這 2 個命令可以合併為 **-am** (範例 8.7)。

範例 8.7：使用 -am 命令進行提交

```
[website (main)]$ git commit -am "Add an h1 tag"
```

使用範例 8.7 中的 **-am** 組合在 Git 中是常見的用法。

8.5.1 練習

1. git log 命令只會顯示提交的訊息，這樣的顯示結果較為簡潔，但提供的細節可能偏少。可以透過執行 **git log -p** 來確認，這個帶有 **-p** 的命令會完整顯示每次提交的差異。

2. 在範例 8.6 中的 **h1** 標籤之下，使用 **p** 標籤新增一行「Call me Ishmael.」的段落。結果應該如圖 8.5 所示。(如果你遇到困難也別擔心，我們將在第 8.6 節中的範例 8.8 中提供這個練習的答案。)

註5. 當查看小範圍的差異，特別是在文字敘述中時，**--color-words** 選項特別有用。如果一般的差異呈現方式讓你覺得難以閱讀，我建議你嘗試使用 **git diff --color-words** 來查看。(這個也能在一般的 Unix **diff** 程式中使用。)

hello, world

Call me Ishmael.

圖 8.5：新增簡短段落後的結果

8.6 新增 HTML 結構

　　雖然網頁瀏覽器在圖 8.4 中正確呈現了 **h1** 標籤，但標準格式的 HTML 頁面結構不是只有簡單的 **h1** 或 **p** 標籤。特別是，每個頁面都應該包含由 **head** 和 **body** 組成的 **html** 標籤 (分別以 **head** 和 **body** 標籤來標示)，還有一個標示檔案類型的「doctype」，在這個例子中，就是被稱為 HTML5 的特定 HTML 版本。

　　將這些一般注意事項套用到 **index.html**，就會得到在範例 8.8 中顯示的完整 HTML 結構。此結構包括了範例 8.6 的 **h1** 標籤和圖 8.5 中的段落標示。雖然包含在 **head** 標籤內的 **title** 標籤是空的，但一般來說，每個頁面都應該有一個標題。因此，為 **index.html** 新增標題的動作，照例留待你自己練習 (第 8.6.1 節)。

範例 8.8：新增結構後的 HTML 頁面

```
<!DOCTYPE html>
<html>
  <head>
    <title></title>
  </head>
  <body>
    <h1>hello, world</h1>
    <p>Call me Ishmael.</p>
  </body>
</html>
```

由於這部分的內容比我們先前提過的結構 (範例 8.6) 要多許多，所以最好逐行仔細看一下：

1. 檔案類型宣告。

2. 開啟 HTML 標籤。

3. 開啟的 head 標籤。

4. 開啟與關閉 title 標籤。

5. 關閉 head 標籤。

6. 開啟 body 標籤。

7. 指定大標題。

8. 練習段落 (第 8.5.1 節)。

9. 關閉 body 標籤。

10. 結束 HTML 標籤。

像往常一樣，我們可以透過使用 **git diff** 命令 (範例 8.9) 來查看我們新增部分所造成的變動。

範例 8.9：新增 HTML 結構的差異

```
[website (main)]$ git diff
diff --git a/index.html b/index.html
index 4b5fa63..afcd202 100644
--- a/index.html
+++ b/index.html
@@ -1 +1,10 @@
-<h1>hello, world</h1>
+<!DOCTYPE html>
+<html>
+  <head>
+    <title></title>
+  </head>
+  <body>
+    <h1>hello, world</h1>
+    <p>Call me Ishmael.</p>
+  </body>
+</html>
```

　　儘管在範例 8.9 中呈現了大量的差異，使用者實際上幾乎看不出修改後的網頁有何處不同 (圖 8.6)，與圖 8.5 相比，僅有的變化就是大標題上方的一點空白區域。然而，改善後的結構豐富很多，也讓我們的頁面接近符合 HTML5 標準。但是，由於標準要求標題不能是空白的，所以並未完全合乎規定；解決這個問題留作練習 (第 8.6.1 節)。

hello, world

Call me Ishmael.

圖 8.6：增加 HTML 結構對於外觀幾乎沒有任何影響

　　由於我們還未新增任何檔案，所以只需要用 **git commit -am**，就能提交所有變更 (範例 8.10)。

範例 8.10：增加 HTML 結構的提交操作

```
[website (main)]$ git commit -am "Add some HTML structure"
```

8.6.1　練習

1. 請在 **index.html** 中加入標題「A whale of a greeting」。不同的瀏覽器顯示標題的方式會有所不同，Safari 的顯示結果如圖 8.7 所顯示。(撰寫此書時，Safari 除非開啟至少 2 個分頁，否則不會顯示標題，這也是為什麼圖 8.7 中有第 2 個分頁的原因。)

2. 將加入了新標題的 index.html 提交，並附上你所寫的提交訊息。透過使用 **git log -p** 確認該變更已如預期般被提交。

3. 將範例 8.8 的內容貼到 HTML 驗證器 (https://validator.w3.org/#validate_by_input) 中，來確認它是否為一個完全符合規範的網頁。

4. 利用驗證器確認目前的 **index.html**（頁面標題部分非空白）是否有效。

圖 8.7：瀏覽器中顯示的網頁標題

8.7　小結

本章重要的命令都整理在表格 8.1 中。

表格 8.1：來自第 8 章的重要命令

命令	描述	範例
git help	獲取命令的幫助訊息	$ git help push
git config	設定 Git	$ git config --global ...
mkdir -p	依需要建立中間資料夾	$ mkdir -p repos/website
git status	顯示儲存庫的狀態	$ git status
touch <name>	建立空白檔案	$ touch foo
git add -A	將所有檔案或目錄加入暫存區	$ git add -A
git add <name>	將指定的檔案或目錄加入暫存區域	$ git add foo
git commit -m	將暫存區的變更進行提交，並附上訊息	$ git commit -m "Add thing"
git commit -am	以訊息儲存並提交變更	$ git commit -am "Add thing"
git diff	顯示兩次提交之間的差異	$ git diff
git commit --amend	修改最後一次的提交訊息	$ git commit --amend
git show <SHA>	顯示差異與SHA之間的對比	$ git show fb738e...

9

Chapter

透過 GitHub 備份
與分享你的專案

在完成第 8 章的修改後，我們現在已經準備好將專案傳送到遠端的儲存庫。這不僅作為我們專案及其歷史記錄的備份，也可以讓其他使用者能在網站上更方便地與我們合作。

我們將從把專案傳送到 **GitHub** 開始，這是一個方便使用 Git 儲存庫的網站。對於個人使用的儲存庫，GitHub 是不收費的，你可以自行建立多個儲存庫，也可以選擇是否公開或者私人使用；通常公開儲存庫，有助於展示自己的開發成果，建立自己的作品集，因此建議盡可能將專案設為公開。另外，將我們的儲存庫添加到 GitHub 還有一個祕密原因，我們將在第 11.4 節中提到。本章所有重要的命令都整理在第 9.4 節中。

⚡\TIP/ 雖然目前 GitHub 已經免費開放絕大多數核心功能，不過關於多人協同開發同一個專案，仍有一些限制；對此，在第 11.4.1 節，我們將會提到其他免費的選擇。

9.1 註冊 GitHub

如果你還沒有 GitHub 帳戶，可以從 GitHub 的註冊頁面 (https://github.com/join) (圖 9.1) 開始，並遵照指示進行註冊。

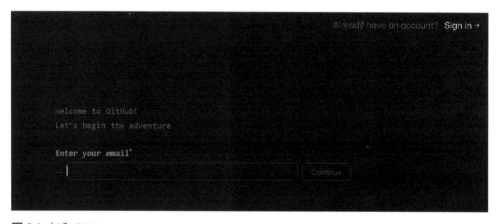

圖 9.1：加入 GitHub

9.2　遠端儲存庫

　　註冊完 GitHub 帳戶後，接下來的步驟是建立遠端儲存庫。啟動的時候，請選擇選單項目「New repository (新增儲存庫)」，如圖 9.2 所示，然後輸入儲存庫的名稱 (例如：website) 和描述，如圖 9.3 所示。GitHub 網站的介面常會更新，所以圖 9.2、圖 9.3 和其他的 GitHub 截圖可能與你的實際操作介面不同，不過本節示範的都是主要的基本功能，操作上不會差異太大，相信你一定可以應付。

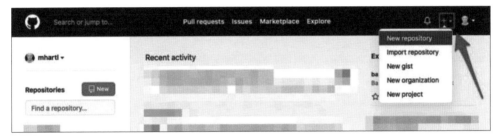

圖 9.2：在 GitHub 新增一個儲存庫

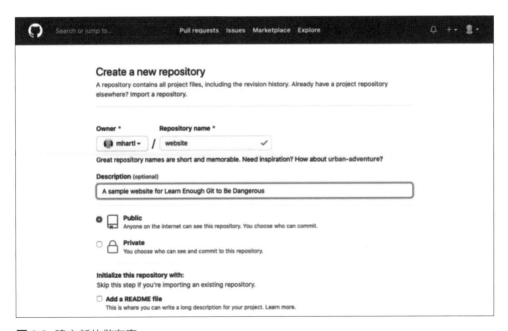

圖 9.3：建立新的儲存庫

在點擊建立儲存庫按鈕後 (圖 9.3)，你應該會看到如圖 9.4 所示的頁面，其中包含將本地儲存庫傳送至 GitHub 的說明。

圖 9.4 中的具體命令將依據你的個人帳號名稱和預設分支名稱進行調整。第 ❶ 個命令設定 GitHub 為遠端來源，第 ❷ 個確保預設分支名稱為 **main** (若已經切換到此分支，則可忽略這行命令)，而第 ❸ 個則是準備將完整的儲存庫傳送到 GitHub。(**git push** 的 **-u** 選項會將 GitHub 設定為 **Upstream (上游) 儲存庫**，這表示當我們從第 11.1 節開始執行 **git pull** 時，可以自動下載任何變更。) 但是，你不需擔心這些細節，因為 GitHub 通常會提供相關命令讓你直接複製。

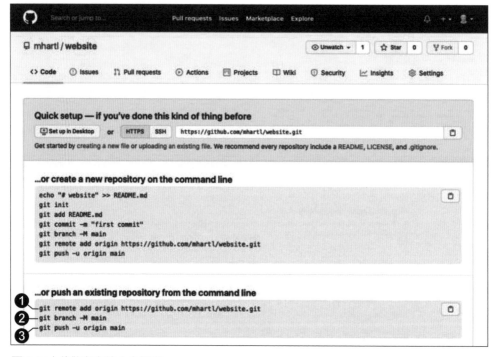

圖 9.4：上傳儲存庫的命令說明

連線到 GitHub 有 2 種方式，一種是 HTTPS、另一種則是 SSH，這 2 種需要的認證方式不同，所使用的命令也不一樣。HTTPS (圖 9.4)，是使用安全版本的 HTTP 傳送資料。這是目前 GitHub 的預設值，這種方式需要**個**

人的訪問權杖作為密碼，雖然建立的方式比較簡單，但最大的缺點就是每次要傳送任何更改時，都需要輸入你的個人訪問權杖，而且基於安全考量有設定期限，過期就要重新設定，使用上可能有點麻煩。

SSH 則是需要 **SSH 金鑰**，其優點在於能自動記錄你的驗證狀態。而且與個人訪問權杖不同，沒有使用期限，所以不需要反覆產生新金鑰，但建立過程比較複雜。

由於 GitHub 驗證方式更動，以下小編會穿插補充說明，如何取得個人訪問權杖和 SSH 金鑰的操作示範。你可以自行選擇要使用哪種方式連線到 GitHub，只要與儲存庫完成連線，之後就不需要再進行其他設定，而不同連線方式所使用的傳送資料命令會略有差異，不過步驟都差不多，不論選擇哪種連線方式都不影響本書後續的操作。

9.2.1　用個人的訪問權杖建立連線

開啟 GitHub 右側欄位，進入設定頁面後點選 Developer Settings，接著選擇 Personal access tokens，最後按下 Generate new token 的按鈕，就可以開始建立個人的訪問權杖。建立的項目中只有權杖名稱 (Token name) 和到期日 (Expiration) 是必填的項目，輸入完就可以產生訪問權杖，不過請特別留意的儲存庫訪問權限 (Repository access) (圖 9.5)。

這項設定預設是只有公開的儲存庫，而且只能讀取，幾乎沒有任何權限，為了本書後續的操作，需要設定權限為 All repositories (所有儲存庫)。接著下面權限 (Permissions) 的項目會出現儲存庫權限 (Repository permissions)，點開該項目會發現所有的權限都是沒有開啟的預設狀態。這項功能方便團隊進行存取權限的管理，但如果這是你個人的儲存庫，其實可以選取所有權限。

⚡　儲存庫的權限有細分成很多項目，如果不確定要選哪些的話，可以和小編一樣選取
\TIP/　Commit statuses、Contents、Deployments、Metadata 和 Pull requests，確保後續章節的操
　　　作可以正常執行。

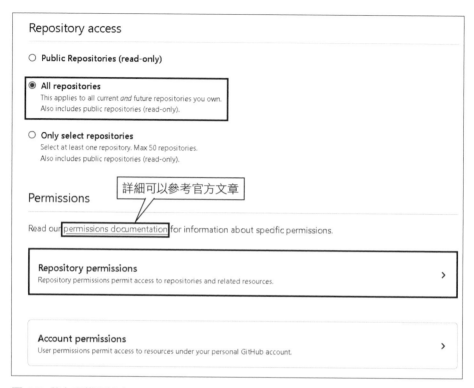

圖 9.5：儲存庫權限設定

　　最後按下 Generate token 就會產生個人訪問權杖，請務必將權杖複製並妥善保存，因為它不會再次顯示，如果沒複製到或遺失的話就需要再重建一個。同時，過了到期日就會失效，在本書撰寫的當下，期限最長能設定到 1 年。

> ⚡ 關於建立個人訪問權杖的相關文章位於：https://docs.github.com/en/authentication/keeping-your-account-and-data-secure/creating-a-personal-access-token，或者搜尋「github creating personal access token」也能找到相關的資訊。

範例 9.1：HTTPS 首次傳送至 GitHub 的樣本　　　　替換成你實際的使用者名稱

```
[website (main)]$ git remote add origin https://github.com/<name>/website.git
[website (main)]$ git push -u origin main
```

　　在範例 9.1 中，請將 **<name>** 替換成實際的使用者名稱。比如說，我的使用者名稱是 **mhartl**，所以指令看起來就像這樣：

```
[website (main)]$ git remote add origin https://github.com/mhartl/website.git
[website (main)]$ git push -u origin main
```

在執行完 GitHub 中的三條命令後,系統將提示你輸入使用者名稱和密碼。使用者名稱就是你的 GitHub 使用者名稱,但密碼並非你的 GitHub 密碼;而是我們剛剛建立好的**個人的訪問權杖** [註1]。之後,當系統要求輸入密碼以完成範例 9.1 中的 **git push** 操作時,只需將它貼上即可。

⚡\TIP/ 想讓你的電腦記住或者快取你的憑證,可以參考文章「在 Git 中快取你的 GitHub 憑證」(https://docs.github.com/en/get-started/getting-started-with-git/caching-your-github-credentials-in-git) 來設定你的系統,或搜尋「caching your github credentials in git」也是個不錯的選擇。

9.2.2 用 SSH 金鑰建立連線

首先開啟 Git Bash,執行輸入下列命令 (記得替換成你的電子郵件地址)。

```
$ ssh-keygen -t ed25519 -C "your_email@example.com"
```

這會使用輸入的電子郵件作為標籤建立新的 SSH 金鑰,接著會詢問放置金鑰的位置、名稱,可自行輸入其他路徑,或是直接按下 Enter 鍵接受系統預設的位置和名稱。

```
> Enter file in which to save the key (/c/Users/YOU/.ssh/id_
ALGORITHM):[Press enter]
```

最後會出現設定安全密碼,但也可以不進行設定,直接按下 Enter 鍵即可。

註1. 以前「密碼」就是指你的登入密碼,然而在 2021 年,GitHub 改變了其安全政策。這種微小卻重要的改變在 IT 領域經常發生,導致像本書這樣的教材無法隨時追上最新狀況;在這種情況下,強化技術成熟度 (延伸學習 8.2) 是處理此類問題的唯一通用解答。

```
> Enter passphrase (empty for no passphrase): [Type a passphrase]
> Enter same passphrase again: [Type passphrase again]
```

完成後會得到類似這樣的結果：

```
Your identification has been saved in /home/<name>/.ssh/id_ed25519.
Your public key has been saved in /home/<name>/.ssh/id_ed25519.pub.
The key fingerprint is: ……
The key's randomart image is:
+---[ED25519 256]----+
|       ……          |
|       ……          |
|       ……          |
|       ……          |
+----[SHA256]-----+
```

因為我把實際上金鑰的內容移除，而且每次產生的金鑰都會不同，所以你的畫面看起來一定跟我的不一樣。

有金鑰之後就可以把它放到你的 GitHub。開啟設定畫面，選擇 SSH and GPG key 項目，按下 New SSH key 按鈕，輸入金鑰名稱並在 Key 的欄位貼上剛才 The key fingerprint is 的內容，按下 Add SSh key 就會看到產生了 SSH 金鑰，但目前還不算設定完成，我們還有一個步驟，要用 vim 建立名為 config 的檔案。

```
$ vim ~/.ssh/config
```

切換成插入模式後，輸入下列內容 (記得將 **<name>** 替換成你的使用者名稱) ：

```
Host github.com
HostName github.com
<name>
IdentityFile ~/.ssh/id_ed25519
```

在儲存變更並退出 vim 後，我們要來確認連線是否成功：

```
$ ssh -T git@github.com
```

當你看到：

```
Hi <name>! You've successfully authenticated, but GitHub does not provide
shell access.
```

就表示你成功設定完成了。

⚡ \TIP/ 關於建立 SSH 金鑰的相關文章位於：https://docs.github.com/en/authentication/connecting-to-github-with-ssh，不過，搜尋「Github 建立 SSH 金鑰」也是個好方法。

範例 9.2：SSH 首次傳送至 GitHub 的樣本

```
[website (main)]$ git remote add origin git@github.com:<name>.git
[website (main)]$ git push -u origin main
```

不要忘記將 <name> 替換
成實際的使用者名稱

在執行完範例 9.1 或範例 9.2 所示的第 1 個 **git push** 命令後，你應該重新載入目前的 GitHub 頁面，例如使用 ⌘ + R 鍵或是圖 9.6 所示的圖示來進行。結果應該會和圖 9.7 有類似的呈現。如果是，那麼你已經正式上傳了你的第一個 Git 儲存庫！

圖 9.6：瀏覽器的重新載入頁面按鈕

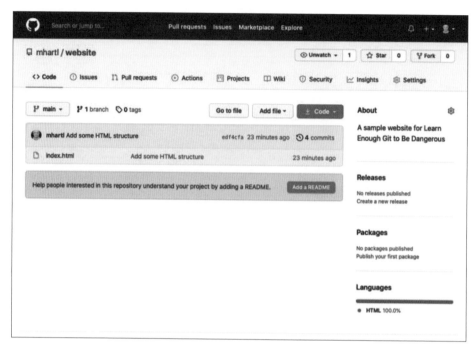

圖 9.7：位於 GitHub 的遠端儲存庫

9.2.3　練習

1. 在你的 GitHub 儲存庫頁面，點選「Commits」來查看你的提交紀錄列表。確認這些紀錄是否與在你電腦上執行 **git log** 時得到的結果相符。

2. 在 GitHub 上，點選新增 HTML 結構的提交 (範例 8.10)。確認你的提交差異與範例 8.9 所展示的內容是否相符。

3. 為了慶祝你成功上傳了你的第 1 個 Git 儲存庫，不妨找一杯你最喜歡的飲料來慶祝一番。

9.3　新增 README 檔案

　　現在已經將我們的儲存庫上傳，讓我們新增第 2 個檔案，並且練習圖 8.1 中所示的 **add**、**commit** 和 **push** 命令。你可能已經在圖 9.7 中注意到，GitHub 建議你新增一個 README 檔案，讓其他人更了解這個專案，這是很好的做法。這種「READ ME」檔案名副其實，就是希望人們閱讀它，跟《愛麗絲夢遊仙境》裡的「DRINK ME」瓶子 (圖 9.8) [註3] 有異曲同工之妙。

圖 9.8：愛麗絲會知道該閱讀 README 檔案

　　圖 9.7 可看到一個 GitHub 提供的綠色 **Add a README** 按鈕，讓使用者可以輕鬆地透過網頁介面添加 README 檔案。不過，我們將採用一種更普遍也更合乎規範的做法，來手動在電腦中新增這個檔案，再把它上傳。至於 README 檔案的製作和顯示，GitHub 支援數種常見的格式，而對於 README 這樣的簡短檔案，我最喜歡的格式是 Markdown，這種輕量級標記語言，已在第 6.2 節介紹過。

註3.《愛麗絲夢遊仙境》的原創插畫由 John Tenniel 所繪。

我們可以在 Atom（或其他任何文字編輯器）開啟 **README.md**，其中
.md 副檔名代表此檔案為 Markdown 格式。接著依照範例 9.3 所示的內容
來填寫。

範例 9.3：README 檔案的內容
~/repos/website/README.md

```
# Sample Website

This is a sample website made as part of [*Learn Enough Git to Be
Dangerous*](https://www.learnenough.com/git-tutorial), possibly the
greatest
beginner Git tutorial in the history of the Universe. You should totally [
check it out](https://www.learnenough.com/git-tutorial), and be sure to
[join
the email list](https://www.learnenough.com/#email_list) and
[follow @learnenough](http://twitter.com/learnenough) on Twitter.

After finishing *Learn Enough Git to Be Dangerous*, you'll know enough
Git
to be *dangerous*. This means you'll be able to use Git to track changes
in
your projects, back up data, share your work with others, and collaborate
with programmers and other users of Git.
```

在 Atom 中的結果如圖 9.9 所示。如我們在第 6.2.2 節中提到的，Atom
包含一個 Markdown 預覽器，可以從 Packages 選單找到，如圖 9.10 所
示 [註4]。在調整視窗大小後，我們就可以看到圖 9.11 中展示的預覽效果 [註5]。

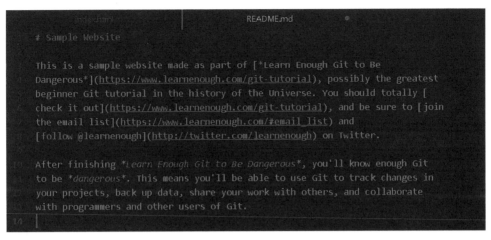

圖 9.9：在 Atom 中檢視的 README 檔案

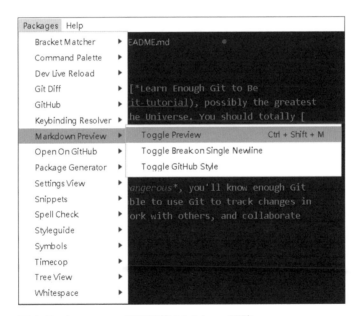

圖 9.10：在 Packages 選單切換 Markdown 預覽

註4. 如果你遇到「Previewing Markdown failed r.trim is not a function (預覽 Markdown 失敗，r.trim 不是一個函式)」的錯誤訊息，你可以嘗試按幾次圖 9.10 中顯示的切換預覽快捷鍵，看看是否能解決問題。

註5. Atom 內建了 Markdown 的預覽功能，但如同我們在第 7.5 節提到的，像 Sublime Text 這種編輯器通常也有可安裝的 Markdown 預覽套件。

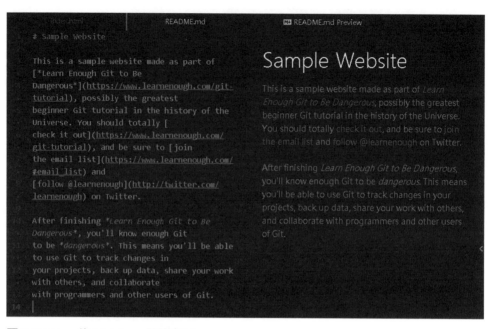

圖 9.11：Atom 的 Markdown 預覽畫面

現在我們已經建立了 **README.md** 檔案，可以將它加入我們的 Git 儲存庫並傳送上去了。但我們不能直接執行 **git commit -am** 命令，因為 **README.md** 目前還不在儲存庫中，所以我們必須先將它加入：

```
[website (main)]$ git add -A
```

如第 8.3.1 節所述，我們當然可以執行 **git add README.md** 來添加檔案，但在大多數的情況下，我們通常會想要添加所有新的檔案，因此建議你使用 **git add -A**。接著，我們可以像平常一樣執行其他操作：

```
[website (main)]$ git commit -m "Add README file"
```

順帶一提，在範例 8.7 中，我經常會慣性地把 **-a** 透過 **-am** 組合使用，儘管有些多餘，但可以很方便的使用 **git commit -am "Add a README file"** 這個命令。

⚡ \TIP/ 　不過，**git add** 的呼叫依舊是必要的。請回想一下第 8.4 節提到的，僅用 **git commit -a** 這個命令只會提交 Git 已經在追蹤且有變動的檔案。

　　將檔案新增至儲存庫並提交後，我們現在準備好將其傳送到 GitHub。在範例 9.1、9.2 中，**git push** 的第 1 次使用包含了「設定 Upstream 儲存庫」選項 **-u**，目的地 **origin**，以及 **main**，之前已經設定完成了，所以此處我們就可以省略這些步驟使用 push 進行傳送：

```
[website (main)]$ git push
```

　　透過這樣的操作，我們將新的 README 檔案傳送到遠端儲存庫，這也就是完成了圖 8.1 所示的完整流程。在這個過程中，GitHub 會利用 **.md** 副檔名來辨識該檔案為 Markdown 格式，並將其轉換為 HTML 以方便瀏覽 [註6]，如圖 9.12 所示。

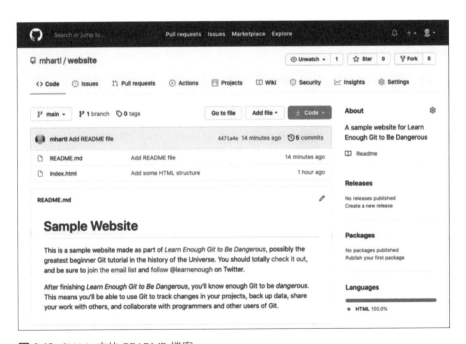

圖 9.12：GitHub 中的 README 檔案

註6. 範例 9.3 中的 **#** 會轉換成最高層級的標題 (也就是我們在第 8.5 節首次見到的 **h1** 標籤)，並將 Markdown 中的連結格式 **[內容] (地址)** 轉換成 HTML 的超連結標籤 **a**，這部分我們將在第 10.3 節詳細介紹。

9.3.1　練習

1. 根據範例 9.4 所展示的 Markdown，請在 README 的尾端新增 1 行，
   並加入指向官方 Git 檔案的連結。

2. 使用適當的訊息提交變更 (延伸學習 8.3)。你無需執行 **git add** 命令，
   這是為何呢？

3. 將你的變更傳送至 GitHub。刷新瀏覽器後，確認新的內容已被添加至
   呈現的 README 中。點選「官方 Git 檔案」的連結來確認其是否正常
   運作。

範例 9.4：添加超連結至官方 Git 檔案的 Markdown 程式碼

~/repos/website/README.md

```
For more information on Git, see the
[official Git documentation](https://git-scm.com/).
```

9.4　小結

本章重要的命令都整理在表格 9.4 中。

表格 9.1：來自第 9 章的重要命令

命令	描述	範例
git remote add	新增遠端儲存庫	$ git remote add origin
git push -u <loc> 	將分支傳送至遠端	$ git push -u origin main
git push	傳送到預設的遠端伺服器	$ git push

10
Chapter

進階 Git 應用

在這一章中，我們將實踐並擴展第 9.3 節介紹的基礎工作流程。這包含在專案中新增 1 個資料夾，學習如何讓 Git 忽略特定檔案，以及如何進行分支和合併，還有從錯誤中恢復。本章的重點不是要一股腦給你完整的 Git 命令，而是告訴你 IT 人員每天都會用的必學技巧。我們同樣會將本章重要命令列在第 10.5 節，提供你參考。

10.1 提交、傳送、重複

我們將延續前一章的範例，幫網站插入圖片，這需要修改現有檔案 (index.html) 的內容，同時在新目錄中添加新檔案。第 1 步是建立圖片目錄：

```
[website (main)]$ mkdir images
```

接下來，利用 **curl** 命令，將圖 10.1 [註1] 的圖片下載到本地目錄：

```
$ curl -o images/breaching_whale.jpg \
>      -L https://cdn.learnenough.com/breaching_whale.jpg
```

圖 10.1：我們網站要用到的一張圖片

註1. 圖片由 GUDKOV ANDREY/Shutterstock 提供。

請注意，在命令的第一行你該輸入到最後面的反斜線 \，但在第二行**請不要輸入開頭的角括號 >**。這裡的 \ 是用來表示接續下一行，當你按下 Enter 鍵後，角括號 > 會自動由 Shell 程式加入 (**編註**：.jpg 後面不輸入反斜線，直接空格輸入下一行 "-L https:\\…" 也可)。

我們現在準備使用**圖像標籤 img** 將圖像包含在 Index.html 網頁中。img 是另一種 HTML 的標籤，在此之前，我們使用的都是有開頭和結尾的標籤。例如：

```
<p>content</p>
```

不過，圖片標籤的使用方式跟其他的不太一樣，**h1** 和 **p** 這類標籤會把要作用的文字內容包起來，**img** 標籤沒有包任何內容 (稱為 void element 空元素)，屬於單標籤 (也稱為 self-closing 自閉合標籤)，它以 **<img** 開頭並以 **>** 結尾：

```
<img src="path/to/file" alt="Description">
```

總而言之，**img** 標籤之間並無內容，不存在「標籤之間」的概念，而是用 **src** 指向圖片來源的路徑，結尾也可以使用 **/>** 替代 **>**，以符合 XML (一種與 HTML 相關的標記語言) 的限制條件。

```
<img src="path/to/file" alt="Description" />
```

你有時候可能會看到這種語法，而不是前面提過的 **>**，但在 HTML5 中，這兩者完全相同。

順帶一提，在上述範例中，路徑 **path/to/file** 只是用來代表或描述路徑的概念，而不是指一個具體的、實際存在的檔案路徑。這種表示法通常用於教學中，以幫助使用者理解應該在何處放置實際的檔案路徑或目錄 (能看懂這類用來表達語法的符號，代表你的技術已經提升到一定程度 (延伸學習 8.2))。依照此處的要求，必須找出檔案的實際路徑，範例中的路徑是 **images/breaching_whale.jpg**，所以在 **index.html** 裡的 **img** 標籤應該如下範例 10.1 所示 (這個圖像標籤實際上還缺少一個重要的部分，我們將在第 11.2 節補充)。

範例 10.1：在首頁加入圖像

~/repos/website/index.html

```
<!DOCTYPE html>
<html>
  <head>
    <title>A whale of a greeting</title>
  </head>
  <body>
    <h1>hello, world</h1>
    <p>Call me Ishmael.</p>
    <img src="images/breaching_whale.jpg">
  </body>
</html>
```

重新整理瀏覽器後，即可看到圖 10.2 所示的結果。

⚡ 注意，圖 10.1 的範例中包含了 **title** 標籤的內容，因此也涵蓋了第 8.6.1 節中一個習題
注意 的解答。

圖 10.2：在我們網站上新增的圖片

此時，**git diff** 確認圖片添加的工作已經準備就緒：

```
[website (main)]$ git diff index.html
diff --git a/index.html b/index.html
index 706a1be..74043f7 100644
--- a/index.html
+++ b/index.html
@@ -6,5 +6,6 @@
   <body>
     <h1>hello, world</h1>
     <p>Call me Ishmael.</p>
+    <img src="images/breaching_whale.jpg">
   </body>
 </html>
```

TIP／ 如果你在第 8.6.1 節沒有新增 **title** 內容，那麼此處 diff 的結果會多一行。

另一方面，執行 **git status** 會顯示整個 **images/** 目錄是未追蹤 (Untracked) 的。

```
[website (main)]$ git status
On branch main
Your branch is up to date with 'origin/main'.

Changes not staged for commit:
  (use "git add <file>..." to update what will be committed)
  (use "git restore <file>..." to discard changes in working directory)
        modified: index.html

Untracked files:
  (use "git add <file>..." to include in what will be committed)
        images/

no changes added to commit (use "git add" and/or "git commit -a")
```

你可能已經能想到使用 **git add -A** 將所有未追蹤的檔案和資料夾加入，因此我們可以透過一個命令將圖片與其資料夾同時加入 [註2]：

```
[website (main)]$ git add -A
```

接著，我們進行提交與傳送：

```
[website (main)]$ git commit -m "Add an image"
[website (main)]$ git push
```

要養成經常 push 到遠端儲存庫的好習慣，除了可以確保專案的備份之外，也方便協作的人員取得你的更改 (詳見第 11 章)。

在瀏覽器中重新登入 GitHub 儲存庫後，你可以通過點擊 **images** 目錄，來確認新檔案的存在，結果如圖 10.3 所示。

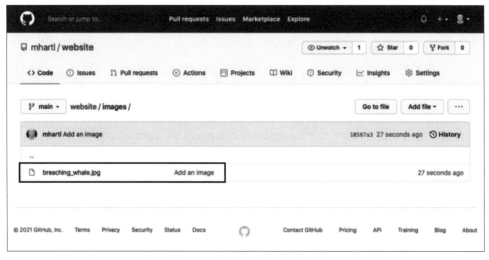

圖 10.3：GitHub 上的新圖片目錄

註2. 技術上來說，Git 只追蹤檔案而不是目錄。所以，Git 根本就不會追蹤空的目錄。因此，如果你想追蹤一個徹底是空的目錄，你需要在裡面放一個檔案。通常是使用一個名為 **.gitkeep** 的隱藏檔案。例如，要在名為 **foo** 的空目錄中建立這個檔案，你可以用命令 **touch foo/.gitkeep**。然後，使用 **git add -A** 就可以將 **foo** 目錄加入追蹤清單。

10.1.1 練習

1. 點擊 GitHub 上的圖片連結，以確認 **git push** 是否成功。

2. 到了現在這個階段，提交的次數可能已經足夠多，以至於使用 **git log -p** 命令產生的輸出結果可能會超出你終端機視窗的顯示範圍。請確認執行 **git log -p** 後，會讓你進入 **less** 介面來進行更方便的瀏覽。

3. 利用你對於 **less** 命令的了解 (表格 3.1)，搜尋哪次提交增加了 HTML 的 **DOCTYPE**。這個提交的 SHA 是什麼？

10.2 指定不提交的檔案

在處理 Git 儲存庫時，我們常見的問題就是遇到了一些並不想要提交的檔案。例如包含機密的登入資訊、不適合在各電腦間共享的特定設定檔、臨時檔案或紀錄檔等等。

例如，在 macOS 系統中，我們通常透過 Finder 開啟資料夾的時候，系統會自動產生一個名為 **.DS_Store** 的隱藏檔案 [註3]。而 Git 的近期版本已經預設自動忽略 **.DS_Store** 檔案。此處使用 **touch** 命令，模擬產生一個名為 **.unwanted_DS_Store** 的範例檔案，如下所示：

```
[website (main)]$ touch .unwanted_DS_Store
```

接著用 git status 就會看到這個檔案：

```
[website (main)]$ git status
On branch main
Your branch is up to date with 'origin/main'.
```
接下頁

註3. 這種情況發生在我撰寫第 10.1 節時，我執行 **open images/** 的命令，這個命令在 macOS 系統中會打開 images/ 目錄，而當這個操作透過 Finder 執行時，系統會自動在該目錄中創建一個名為 .DS_Store 的隱藏檔案，這提醒我應該在此處提一下。

```
Untracked files:
  (use "git add <file>..." to include in what will be committed)
      .unwanted_DS_Store

nothing added to commit but untracked files present (use "git add" to track)
```

這種情況確實讓人困擾，因為我們不需要追蹤這個檔案，當我們與其他使用者共享專案時，這很可能引發衝突 (第 11.2 節)。

為了避免此種困擾，Git 允許我們利用一個特殊的隱藏設定檔 **.gitignore**，來忽略此種類型的檔案。如果你希望忽略 **.DS_Store** 這類的檔案 (如此處的 .unwanted_DS_Store)，可以使用文字編輯器來建立名為 **.gitignore** 的檔案，然後將內容填入如範例 10.2 所示的內容。

範例 10.2：設定 Git 忽略檔案的設定

~/repos/website/.gitignore

```
.unwanted_DS_Store
```

在儲存了範例 10.2 的內容之後，狀態現已顯示新加入的 **.gitignore** 檔案。不過，它並未列出 **.unwanted_DS_Store** 檔案，藉此確認這個檔案已被忽略：

```
[website (main)]$ git status
On branch main
Your branch is up to date with 'origin/main'.

Untracked files:
  (use "git add <file>..." to include in what will be committed)
      .gitignore

nothing added to commit but untracked files present (use "git add" to
track)
```

這是個好的開始，但如果我們必須要把每個想要忽略的檔案名稱都加進去，會很不方便。例如，Vim 文字編輯器（在第 5.1 章簡單提及）有時會產生臨時檔案，其名稱是在正常檔名後加上一個波浪符號 ~，所以你可能在編輯一個叫做 **foo** 的檔案，結束時你的目錄裡會出現一個名為 **foo~** 的檔案。在這種情況下，我們希望忽略所有以波浪符號結尾的檔案。為了應付這種情況，**.gitignore** 檔案也允許我們使用萬用字元，例如使用星號 * 代表「任何文數字、符號」[註4]：

```
*~
```

將上述命令列加入 **.gitignore** 檔案中，就能使 Git 忽略所有的暫存 Vim 檔案。我們也可以將資料夾加入 **.gitignore** 中，舉例來說：

```
tmp/
```

這樣會設定成忽視 **tmp/** 目錄中的所有檔案。

雖然 Git 的忽略檔案規則可能相當複雜，但在實際使用中，你可以透過反覆執行 **git status** 來慢慢建立，看看有哪些檔案或目錄你不希望被追蹤，然後在 **.gitignore** 檔案中添加相對應的規則。此外，許多系統會替你生成一份初步的 **.gitignore** 檔。

10.2.1 練習

1. 把 **.gitignore** 檔案提交到儲存庫中。提示：執行 **git commit -am** 是不夠的。為什麼呢？

2. 將你的提交傳送到 GitHub 上，並透過網頁介面來確認傳送成功。

註4. 萬用字元的介紹可以在第 2.2 節的內容中找到，當時是在 **ls** 命令的上下文中被提及的，例如 **ls *.txt** 的狀況。

10.3 分支與合併

Git 的最強大的功能之一就是能夠建立分支 (branches)，所謂的分支就是把專案程式碼完整獨立複製一份，再加上可以將一個分支合併到另一個分支的能力，這樣就能將修改後的內容整合到原始分支。分支的好處在於，你可以隔離主要程式碼，另行建立一個複本，在複本下對專案進行更改，並且只有在完成時才合併你的更改。這在與其他人協同開發時特別有用（第 11 章）；因為擁有獨立的分支可以讓你獨立於其他開發者進行更改，減少意外衝突的風險。

我們將新增第二個 HTML 檔案 about.html，並以此來示範如何使用 Git 分支。首先，我們使用帶有 **-b** 選項的 **git checkout** 命令，新建一個 **about-page** 分支並同時切換到該分支，如範例 10.3 所示。

範例 10.3：找出和建立 about-page 分支

```
[website (main)]$ git checkout -b about-page
[website (about-page)]$   ← 包含了新的分支名稱
```

在範例 10.3 中，prompt 提示字元包含了新的分支名稱，第 11.6.2 節會提到，這可以在進階設定中做修改，因此你的 prompt 可能會有所不同。

現在我們已經切換到新的 **about-page** 分支，我們可以將這個過程畫成一張圖，如圖 10.4 所示。儲存庫的主要演進是一系列的提交，而分支則是建立儲存庫複本一個有效率的做法 [註5]。我們的計劃是在 **about-page** 分支上進行一系列的修改，然後利用 **git merge** 將這些變更納入主要分支 **main**。

圖 10.4：從主要分支 main 中建立分支

註5. 如果將所有檔案複製到新的分支，這可能將導致效率下降，因為新舊分支通常有許多重疊的部分。為了避免不必要的重複，Git 並不會完整複製所有檔案，而是在分支建立當下，追蹤檔案的差異。

我們可以使用 **git branch** 命令來查看目前的分支。

```
[website (about-page)]$ git branch
* about-page
  main
```

這列出了目前在本地端定義的所有分支，其中帶有星號 * 的表示我們目前已經切換到該分支 (我們將在第 11.3 節學習如何查看遠端的分支)。

在成功切換至 about-page 的分支之後，我們現在可以開始在目錄中做一些修改。首先，建立一個 **about.html** 的新檔案，這個頁面會用來呈現某個專案的相關說明。為了讓這個新頁面有完整的 HTML 結構 (如範例 8.8 所示)，我們會先複製現有的 **index.html** 檔案，然後進行必要的修改：

```
[website (about-page)]$ cp index.html about.html
```

複製之後，兩個檔案會有一致的 HTML 結構，不過你可能會想到，如果之後要更動 HTML 結構，是否兩個檔案都要修改？我們在第 11.3 節就會遇到這樣的問題，確實必須重複進行 2 次修正。所以通常建議套用網站範本，而不要直接複製檔案。

在本書後續的部分，我們會同時編輯 **index.html** 和 **about.html**。可以使用在第 7.4 節所提到的方法，在文字編輯器中開啟整個專案。我建議你先關閉所有目前開啟的編輯器視窗，然後使用 Atom 重新開啟整個專案。

接著利用在第 7.4.1 節介紹的「模糊開啟」功能，來開啟所需的檔案。特別是在 Atom 編輯器中，我們可以利用 ⌘ + P 鍵開啟 **about.html** 檔案，並開始進行必要的修改。

在打開 **about.html** 以後，依照範例 10.4 的內容來填寫該檔案。如同以往，我建議你手動打出所有文字，如此一來與範例 10.1 的差異就更加明顯。唯一的例外可能是商標符號 ™，你可能打不出這個符號，可以從範例檔案中複製並貼上。如果你是在 Mac 系統下，可按下 Option-2 就會輸入 ™。

範例 10.4：about-page 的初始 HTML

~/repos/website/about.html

```
<!DOCTYPE html>
<html>
  <head>
    <title>About Us</title>
  </head>
  <body>
    <h1>About</h1>
    <p>
      This site is a sample project for the <strong>awesome</strong> Git
      tutorial <em>Learn Enough™ Git to Be Dangerous</em>.
    </p>
  </body>
</html>
```

若無法輸入此符號，可從
範例檔案中複製貼上

範例 10.4 介紹了兩個新的標籤：**strong**（大部分的瀏覽器會將這個標籤顯示為**粗體**文字）和 **em**（大部分的瀏覽器會將這個標籤顯示為*斜體*文字）用於強調。

我們現在已經準備好要第 1 次提交 about-page 了。由於 **about.html** 是新檔案，我們必須先新增它，然後再做提交，這兩個步驟我有時會用 **&&** 一起完成（如第 4.2 節所介紹的）：

```
[website (about-page)]$ git add -A && git commit -m "Add About page"
```

在此階段，如圖 10.5 所示，**about-page** 分支已經與 **main** 分支產生了差異。

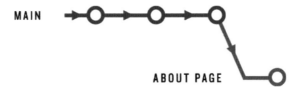

圖 10.5：與主要分支 main 有差異的 about-page 分支

在將 **about-page** 分支合併回主要分支 **main** 之前，我們要再做一個修改。在編輯器中，使用 ⌘ + P 鍵或同功能的快捷鍵打開 **index.html**，加入一個連結到 about-page，操作方法如同範例 10.5 所示。

範例 10.5：為 about-page 新增連結

~/repos/website/index.html

```html
<!DOCTYPE html>
<html>
  <head>
    <title>A whale of a greeting</title>
  </head>
  <body>
    <h1>hello, world</h1>
    <a href="about.html">About this project</a>
    <p>Call me Ishmael.</p>
    <img src="images/breaching_whale.jpg">
  </body>
</html>
```

範例 10.5 使用了一個重要但可能令人混淆的標籤：超連結標籤 **a**，它是用於建立連結的 HTML 標籤。此標籤不僅包含內容 (About this project)，也包含一個 **href** (表示 hypertext reference)，在此例中，它指向我們剛剛建立的 **about.html** 檔案。

⚡ \TIP/　因為 **about.html** 與 **index.html** 位於同一個網站上，所以我們可以直接連結到它，但當要連結到外部網站時，href 應該是一個完整的 URL [註6]，例如 http://example.com/。

在儲存變更並刷新瀏覽器中的 **index.html** 後，結果應該如圖 10.6 所示。點選連結應能帶我們到 about-page，如圖 10.7。

⚡ \注意/　注意，在圖 10.7 中，商標符號 ™ 並未正確顯示，這會依瀏覽器而異。在撰寫本文時，™ 符號在 Firefox 和 Chrome 中可以正確顯示，但在 Safari 中不行。我們將在第 11.3 節中增加程式碼，以確保所有瀏覽器都能一致地顯示。

註6. 回顧一下，URL 是 Uniform Resource Locator 的縮寫，一般指的就是「網址」。

圖 10.6：加入超連結後的 Index.html 網頁

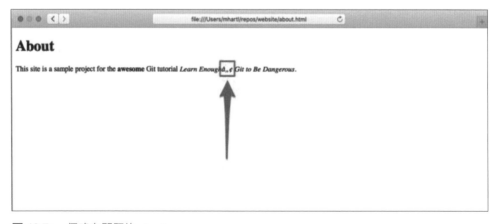

圖 10.7：一個略有問題的 about-page

完成對 **index.html** 的更改後，我們可以像往常一樣使用 **git commit -am** 進行提交：

```
[website (about-page)]$ git commit -am "Add a link to the About page"
```

經過這次的提交，**about-page** 分支現在的狀態如圖 10.8 所示。

圖 10.8：**about-page** 分支與主要分支 **main** 當前的狀態

我們現在暫時停止進行變更，準備將 about-page 的分支合併回主要分支 **main**。我們可以透過使用 **git diff** 來瞭解我們將會合併哪些變更；在第 8.4 節中，我們看到此命令可以獨立使用，來查看未暫存的變更與我們最後提交的差異，但它也可以用來顯示不同分支之間的差異，類似 **git diff branch-1 branch-2** 的命令形式，但如果你未指定分支，Git 會自動跟當前分支做比較。這意味著我們可以比較 **about-page** 與主要分支 **main** 的差異如下：

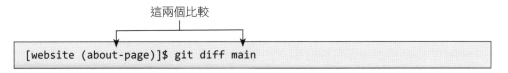

在我的終端機視窗中，如圖 10.9 所示，是這次執行的結果。在我個人的系統裡，diff 命令返回的內容太長，多到一個螢幕都顯示不完。但是，如我們在第 10.1.1 節看到的 **git log**，**git diff** 在這種情況下會使用 **less** 工具來顯示其輸出內容。

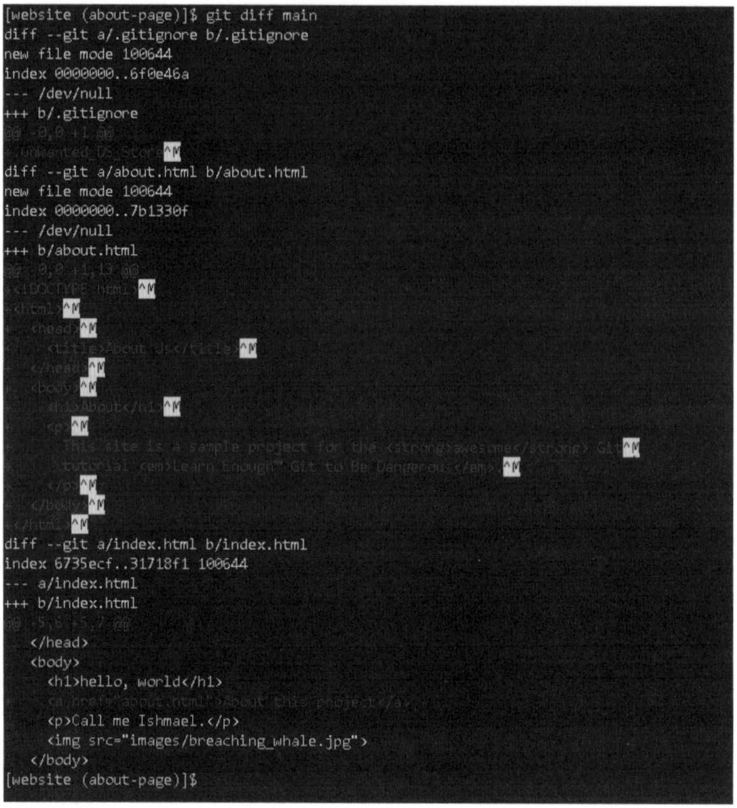

```
[website (about-page)]$ git diff main
diff --git a/.gitignore b/.gitignore
new file mode 100644
index 0000000..6f0e46a
--- /dev/null
+++ b/.gitignore
@@ -0,0 +1 @@
+unwanted_OS_xxx^M
diff --git a/about.html b/about.html
new file mode 100644
index 0000000..7b1330f
--- /dev/null
+++ b/about.html
@@ -0,0 +1,13 @@
+<!DOCTYPE html>^M
+<html>^M
+  <head>^M
+    <title>About Us</title>^M
+  </head>^M
+  <body>^M
+    <h1>About</h1>^M
+    <p>^M
+      This site is a sample project for the <strong>awesome</strong> Git^M
+      tutorial <em>Learn Enough™ Git to Be Dangerous</em>.^M
+    </p>^M
+  </body>^M
+</html>^M
diff --git a/index.html b/index.html
index 6735ecf..31718f1 100644
--- a/index.html
+++ b/index.html
@@ -4,7 +4,9 @@
   </head>
   <body>
     <h1>hello, world</h1>
+    <a href="about.html">About this project</a>
     <p>Call me Ishmael.</p>
     <img src="images/breaching_whale.jpg">
   </body>
[website (about-page)]$
```

圖 10.9：比對兩個分支的差異

　　若要將 **about-page** 上的變更合併到 **main**，首先的步驟是切換到主要分支 **main**：

```
[website (about-page)]$ git checkout main
[website (main)]$
```

⚡
\注意/　注意，和範例 10.3 中的 **checkout** 命令不同，我們這裡省略了-b 選項，因為主要分支 **main** 已經存在。

　　接下來的步驟是要將其他分支的變更合併進來，這個動作我們可以透過使用 **git merge** 命令來完成：

```
[website (main)]$ git merge about-page
Updating 5a23e6a..cad4761
Fast-forward
 about.html | 13 +++++++++++++
 index.html | 1 +
 2 files changed, 14 insertions(+)
 create mode 100644 about.html
```

此階段後，我們的分支結構就如圖 10.10 所示。

圖 10.10：將 **about-page** 合併進 **main** 後的分支情況

在目前的情況下，當我們在 **about-page** 分支進行修改時，主要分支 **main** 並未有任何變動，然而，即使主要分支在中途有所改變，Git 仍然能夠出色地處理。當與他人共同合作時（第 11 章），這種情況特別常見，但這不代表獨立工作就不會發生。

例如，我們在主要分支 **main** 上發現了一個錯字，希望立即修正並傳送更新。在這種情況下，主要分支 **main** 會發生變化（圖 10.11），但我們仍然可以像平常一樣將其他分支合併進來。合併時可能會與 **main** 的變動產生衝突，但 Git 在自動合併內容方面表現出色。即使遇到無法避免的衝突，Git 也擅長明確標記出衝突，讓我們可以手動解決。有關這個過程的實際例子，我們將在第 11.2 節中詳細介紹。

圖 10.11：當我們對 main 進行變更後的樹狀結構

在合併變更後，我們可以像往常一樣，將本地的主要分支 **main** 與 GitHub 上的版本 (稱為 **origin/main**) 進行同步。

```
[website (main)]$ git push
```

之後的內容我們不會再使用到 **about-page** 分支，可以選擇將其刪除，具體的操作方式留待讀者自行嘗試 (第 10.3.2 節)。

10.3.1 rebase (重新定位) 命令

最常見的合併分支方式是使用 **git merge**，但還有另一種方法叫做 **git rebase**，你未來可能會遇到。我的建議是：暫時不要使用 **git rebase**。合併與重新定位之間的差異很微妙，而且在使用 **rebase** 的慣例上也有差異，所以我建議只有當你在一個團隊裡，並且有資深的 Git 使用者建議你使用時，才考慮使用 **git rebase**；否則，請使用 **git merge** 來合併兩個分支的內容。

> **\TIP/** 關於 rebase 或其他 Git 命令的介紹，可參考《**玩真的！Git / GitHub 實戰手冊**》一書。

10.3.2 練習

1. 使用命令 **git branch -d about-page** 來刪除分支。然後執行 **git branch** 命令來確認只剩下主要分支 **main**。

2. 在第 10.3 節的範例中，我們利用 **git checkout -b** 一次搞定分支的建立與切換，然而，這兩個步驟其實也可以分開來進行。首先，使用 **git branch** 建立名為 **test-branch** 的分支。(這需要將分支名稱作為參數傳遞給 **git branch**，語法為 **git branch < 分支名稱 >**)。接著，你可以透過執行不帶任何參數的 **git branch** 來確認新分支已成功建立，而且目前並未被切換過去。

3. 切換到 **test-branch** 分支，然後使用 **touch** 命令新增一個你想命名的檔案，接著將它加入並提交到儲存庫中。

4. 切換到主線分支 main，試著使用 **git branch -d** 來刪除測試分支，並確認這樣做是無效的。這是因為，不同於 **about-page** 分支，測試分支並未被合併到主要分支 **main** 中，依照設計，**-d** 無法在此情況下起作用。由於我們實際上並不需要其改變的部分，因此可以使用相對應的 **-D** 選項來刪除測試分支，即使其改變的部分尚未合併，也能將這個分支刪除。

10.4 從錯誤中恢復

Git 最有用的功能之一，就是能讓我們從可能導致嚴重問題的錯誤中恢復。但是要特別注意的是，這些錯誤恢復的技術本質上也可能帶來風險，因此操作時一定要非常謹慎。

讓我們來看一個常見的狀況，我們不小心對一個專案做了更改，並希望能恢復到最近一次提交到儲存庫的版本 (這個版本被稱為 **HEAD**)。例如，我們習慣在檔案結尾一律多空 1 行，這樣當你執行 **tail** 命令 (第 3.2 節) 時，可以確保是下面這樣呈現：

```
[website (main)]$ tail about.html
  .
  .
  .
  </body>
</html>
[website (main)]$
```

而非：

```
[website (main)]$ tail about.html
  .
  .
  .
  </body>
</html>[website (main)]$
```

└── 連在一起了

當然，我們可以透過文字編輯器來添加這樣的一個換行符號。不過，在 Unix 系統中有一個常見的做法，就是利用 **echo** 命令和雙箭頭 **>>** 這個附加符號來達到同樣的效果：

```
[website (main)]$ echo >> about.html    # 將換行符號附加到 about.html
```

不幸的是，在這種情況下，很容易不小心省略掉一個角括號，變成使用重新導向算符 **>**（第 2.1 節）：

```
[website (main)]$ echo > about.html
```

請嘗試上述命令，你會發現此命令的結果會以新的一行來覆蓋 **about. html**，從而有效地清空檔案內容，我們可以用 **cat** 命令來確認：

```
[website (main)]$ cat about.html
                        ← 檔案內容被清空了
[website (main)]$
```

在一般的 Unix 目錄中（第 4 章），要復原 **about.html** 的內容似乎無計可施，但在 Git 儲存庫裡，我們可以要求系統找出最近一次提交的版本來進行還原。首先，我們透過執行 **git status** 命令來確認 **about.html** 檔案已經發生變更：

```
[website (main)]$ git status On branch main
Your branch is up to date with 'origin/main'.

Changes not staged for commit:
  (use "git add <file>..." to update what will be committed)
  (use "git restore <file>..." to discard changes in working directory)
        modified:   about.html

no changes added to commit (use "git add" and/or "git commit -a")
```

然而，這並不能顯示被刪除的範圍，我們可以使用 **git diff** 來檢視這部分：

```
$ git diff
diff --git a/about.html b/about.html
index 367dd8e..8b13789 100644
--- a/about.html
+++ b/about.html
@@ -1,13 +1 @@
-<!DOCTYPE html>
-<html>
-  <head>
-    <title>About Us</title>
-  </head>
-  <body>
-    <h1>About</h1>
-    <p>
-      This site is a sample project for the <strong>awesome</strong> Git
-      tutorial <em>Learn Enough™ Git to Be Dangerous</em>.
-    </p>
-  </body>
-</html>
+
```

那些減號表示所有的內容都已被刪除，而結尾的加號則可以看到並無其他內容。幸運的是，我們可以透過將 **-f** (force 強制) 參數傳遞給 **checkout** 命令，強制 Git 恢復到 **HEAD** [註7]，從而還原這些變更：

```
[website (main)]$ git checkout -f
```

我們可以確認 about-page 已經恢復正常：

註7. 命令 **git reset --hard HEAD** 的效果與之相等，但我認為使用 **checkout** 版本的命令更容易記住。

```
[website (main)]$ git status
On branch main
Your branch is up to date with 'origin/main'.

nothing to commit, working tree clean
```

　　狀態顯示「working tree clean」表示沒有任何變更，你可以透過執行 **cat about.html** 檢查其內容是否已恢復。有一點需要提醒的是，**git checkout -f** 本身有一定的風險，因為它會清除你所有做過的變更，所以只有在你百分之百確定要恢復至 **HEAD** 的狀態時，才建議使用這個命令。

　　避免弄錯的另一種方法是使用分支，如第 10.3 節所述。因為在一個分支上進行的變動與其他分支是隔離的，所以如果出現嚴重錯誤，你可以直接刪除該分支。例如，假設我們在 **test-branch** 上犯下相同的 **echo** 錯誤：

```
[website (main)]$ git checkout -b test-branch
[website (test-branch)]$ echo > about.html
```

　　我們可以透過提交更改，然後刪除該分支來解決這個問題：

```
[website (test-branch)]$ git commit -am "Oops"
[website (test-branch)]$ git checkout main
[website (main)]$ git branch -D test-branch
```

　　請注意，在這裡我們需要使用 **-D** 來刪除分支，而不是用 **-d**，原因在於 **test-branch** 尚未合併 (第 10.3.2 節)。

　　最後一個關於錯誤恢復的範例涉及到日常可能遇到的情況，也就是一些未知的錯誤或缺陷出現在項目中。在這種情況下，能夠查看版本控制庫的某個舊版本是相當方便的 [註8]。我們可以利用 Git log (第 8.3 節) 所列出的 SHA 值來做這件事。例如，要將我們的網站恢復到第二次提交後的狀態，

註8. 追蹤這類錯誤最強大的方法就是使用 **git bisect**。這種進階的技術在 Git 的檔案中有詳細的解釋 (https://git-scm.com/docs/git-bisect)。

我們需要執行 **git log** 命令，並移動到日誌的開頭。因為 **git log** 這個命令使用了 **less** 介面（第 3.3 節），我們可以透過輸入 **G**，直接移動到日誌的最後一行。我的電腦上顯示的結果如範例 10.6。

 因為 SHA 是設計來作為唯一的識別碼，所以你的電腦上顯示的值必然與我的不同。

範例 10.6：查看 Git 日誌中的 SHA 值

```
commit cad4761db5cce3544b72688329185f97a17badb3
Author: Michael Hartl <michael@michaelhartl.com>
Date:    Thu Apr 1 12:00:55 2021 -0700

    Add a link to the About page

commit 92ac96f80e9f3cbcc750d58777ca9a370aadb7f5
Author: Michael Hartl <michael@michaelhartl.com>
Date:    Thu Apr 1 11:56:21 2021 -0700

    Add About page

commit 5a23e6ac79ec1dfc5109a11780967832b43c30e3
Author: Michael Hartl <michael@michaelhartl.com>
Date:    Thu Apr 1 11:53:56 2021 -0700

    Add .gitignore

commit 10587a3a24f2eaad9659f0cc1d4bb308b169a0c2
Author: Michael Hartl <michael@michaelhartl.com>
Date:    Thu Apr 1 11:44:22 2021 -0700

    Add an image

commit 4471a4e02dfe58a229735704e4ea51ea5fc09f70
Author: Michael Hartl <michael@michaelhartl.com>
Date:    Thu Apr 1 11:19:55 2021 -0700

    Add README file

commit edf4cfa49c0b2a3bcb0f6c21f1cab4d412ce5f0d
Author: Michael Hartl <michael@michaelhartl.com>
Date:    Thu Apr 1 10:44:44 2021 -0700
```

接下頁

        Add some HTML structure

commit eafb7bf8e1999eafa63068dabbdb05410bed512a
Author: Michael Hartl <michael@michaelhartl.com>
Date: Thu Apr 1 10:42:48 2021 -0700

        Add an h1 tag

commit 64f6529494cb0e193f05b0da75702feef854e176
Author: Michael Hartl <michael@michaelhartl.com>
Date: Thu Apr 1 10:33:24 2021 -0700

        Add content to index.html

commit 44c52d432d294ef52bae5535dc6dcb0993175a04
Author: Michael Hartl <michael@michaelhartl.com>
Date: Thu Apr 1 10:30:38 2021 -0700

    Initialize repository

　　若要查看帶有 Add content to index.html 訊息的提交，只需複製該
SHA 數值並執行查看命令即可：

```
[website (main)]$ git checkout 64f6529494cb0e193f05b0da75702feef854e176
Note: checking out '64f6529494cb0e193f05b0da75702feef854e176'.

You are in 'detached HEAD' state. You can look around, make experimental
changes and commit them, and you can discard any commits you make in this
state without impacting any branches by performing another checkout.

If you want to create a new branch to retain commits you create, you may
do so (now or later) by using -b with the checkout command again.
Example:

  git checkout -b new_branch_name

 HEAD is now at 64f6529... Add content to index.html

[website ((64f6529...))]$
```

請注意，最後一行的分支名稱隨著 SHA 值的變動而改變，並且 Git 也發出警告說我們當前處於「分離的 HEAD」狀態。我建議用這個技巧檢視專案的狀態，並找出任何需要變更的地方，接著切換回主要分支 **main** 進行變更：

```
[website ((64f6529...))]$ git checkout main
[website (main)]$
```

接著就可以切換回你的文字編輯器並作出必要的變更 (例如修正先前提交步驟中發現的錯誤)。如果到這裡你還是不太清楚在做甚麼，只要記住兩個重點：(1) 可以「回溯歷史」以觀察儲存庫之前的狀態；(2) 要更動儲存庫的檔案並不容易，所以如果你發現自己正在做任何複雜的操作，你應該詢問更有經驗的 Git 使用者該怎麼做 (尤其是具體的做法可能會因團隊而異)。

10.4.1　練習

1. **git checkout -f** 只對已經準備好提交或已成為儲存庫一部分的檔案有效，但有時你可能想要刪除新的檔案。嘗試使用 **touch** 命令，建立一個自己命名的檔案，接著用 **git add** 將它加入。確認一下，執行 **git checkout -f** 是否能將其刪除。

2. 像許多其他 Unix 程式一樣，**git** 命令後面的選項也可以選擇「短格式」或「長格式」。重新進行前一個練習，使用 **git checkout --force** 來驗證 **-f** 和 **--force** 的效果是否相同。自我挑戰：透過查看 **git help checkout** 的輸出，找出「force」選項，以再次確認這個結論。

10.5 小結

本章重要的命令都整理在表格 10.1 中。

表格 10.1：第 10 章的重要命令

檔案/命令	描述	範例
.gitignore	告訴 Git 要忽略哪些項目	$ echo .DS_store >> .gitignore
git checkout \<br\>	切換到指定的分支	$ git checkout main
git checkout -b \<br\>	建立一個新分支並切換到該分支	$ git checkout -b about-page
git branch	顯示本地的所有分支	$ git branch
git merge \<br\>	將指定的分支合併到當前分支	$ git merge about-page
git rebase	進行重新定位，這個操作容易讓人困惑	請查看「Git 提交」(https://m.xkcd.com/1296/)
git branch -d \<br\>	刪除已合併到主分支的分支	$ git branch -d about-page
git branch -D \<br\>	刪除分支，即使未合併(危險操作)	$ git branch -D other-branch
git checkout -f	強制恢復到 HEAD 狀態，清除所有變更(請謹慎使用)	$ git add -A && git checkout -f

11 Chapter

協同開發專案

在介紹了如何個別運用 Git 進行專案操作後，我們將進一步學習 Git 的一大特點：與他人合作開發專案。這在使用像是 GitHub (https://github.com/) 或 Bitbucket (https://bitbucket.org/) 這類的儲存庫服務時特別明顯，但你也可以將 Git 儲存庫設定在私有伺服器上，像是使用 GitLab (https://about.gitlab.com/) 這類的軟體，來獲得類似 GitHub 的便利。

由於本書是為單一讀者設計的，所以我們不會要求你找人一起來練習，本章我們會在你自己的電腦上，用不同的目錄來模擬和練習「協同開發」的程序。協同開發的模式有很多種，並且跟團隊及專案息息相關，這裡我們只針對「所有協同開發的人員都有存取儲存庫權限」的狀況，也就是所有團隊成員不須經過專案建立者同意，即可進行修改。

如果是開放原始碼的專案，通常就不屬於這種情況，會用其他方式進行 fork 或 pull，個別專案的差異很大，因此要特別留意開源專案的相關說明。最後第 11.5 節會將本章使用到的命令做個列表，提供你參考。

11.1 複製、傳送、下載

本章我們將模擬兩位開發人員同時在同一個專案上工作的情境，這個專案就是我們在本書中所開發的簡易網站。首先，我們會有 Alice (圖 11.1) [註1] 在原始的 **website** 資料夾中進行工作，然後我們會建立第二個資料夾 (名為 **website-copy**) 供她的合作夥伴 Bob 使用 (圖 11.2) [註2]。

註1.《愛麗絲夢遊仙境》的原始插圖由 John Tenniel 所繪製。彩色圖像的授權來源是 The Print Collector/Alamy Stock Photo。

註2. 圖片來源：RTRO/Alamy Stock Photo。

圖 11.2：協助編輯 website-copy
的 Bob（和他兒子）

圖 11.1：負責維護 website 的 Alice

首先，Alice 執行 **git push** 操作，確保其所有的更改都已 push 至遠端
的儲存庫：

為了讓你知道目前應該是誰在
操作，會放上人物頭像避免混淆

```
[website (main)]$ git push
```

在真實情況下，Alice 現在需要將 Bob 加入為遠端儲存庫的共同編輯
者。在 GitHub 上，她可以點擊「Settings」>「Manage Access」>「Invite
a collaborator」，然後在邀請框中輸入 Bob 的 GitHub 使用者名稱（圖
11.3）。但是，因為我們是自己模擬協同開發，所以可以省略這個步驟。

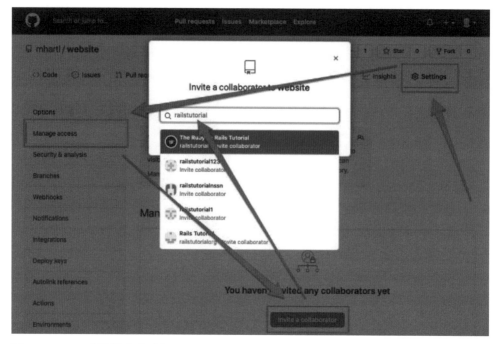

圖 11.3：GitHub 新增協作者的操作提示

　　當 Bob 收到通知，得知他被加入到遠端儲存庫後，他可以前往 GitHub 取得「複製 (clone) URL」，如圖 11.4 所示。這個 URL 讓 Bob 能夠使用 **git clone** 命令，來製作儲存庫 (包含其歷史記錄) 的完整複本。

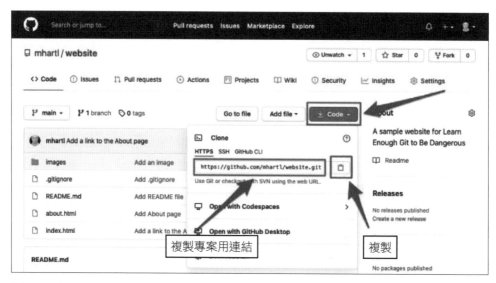

圖 11.4：在 GitHub 複製協作儲存庫的網址

一般來說，Bob 會在自己的 **repos** 目錄中建立一個名為 **website** 的專案，就像 Alice 最初所做的那樣。但因為我們只是在模擬協同情境，為了方便區別，我們將另行命名為 **website-copy**。另外，當我們進行這類不太自然的操作時，通常會放在 **~/tmp** [註3] 的臨時目錄，因此如果你的系統上還沒有這個目錄，現在就來建立一個吧：

```
$ cd
$ mkdir tmp
```

然後使用 **cd** 切換到該目錄，並在本地目錄中複製該儲存庫：

```
[~]$ cd tmp/                    ┌── 剛剛在 GitHub 複製的儲存庫網址
[tmp]$ git clone <clone URL> website-copy
Cloning into 'website-copy'...
[tmp]$ cd website-copy/
```

在這裡，我們將 **website-copy** 這個參數帶入到 **git clone** 命令中，藉此顯示出如何使用一個與原始儲存庫名稱不同的名稱。若真的有另一個 Bob，則只需要執行 **git clone < 複製的網址 >**，系統會採用預設的儲存庫名稱 (在這個範例中就是 **website**)。現在我們已經準備好可以開啟這個專案的複本並開始進行編輯了，請用 Atom 打開它。我建議將編輯器的兩個視窗：website 和 website-copy 放在一起，如圖 11.5 所示。

註3. temp 目錄是用來存放臨時檔案，這些檔案並不會長期保留。許多作業系統都有一個系統設定的 temp 目錄 (通常被稱為 **/tmp**)，但我也喜歡在自己的主目錄下建立供我個人使用的暫存目錄。

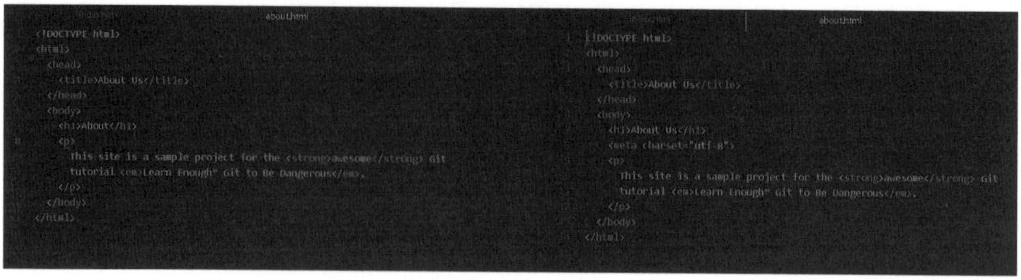

圖 11.5：同時在編輯器開啟 **website** 和 **website-copy**

讓我們開始模擬協同開發的過程，由 Bob 來做一個變更，他會將 about-page 上的教學標題加上連結，如下所示：

```
<a href="https://www.learnenough.com/git-tutorial">…</a>
```

在這裡，省略號「…」代表的是本書全名「Learn Enough Git to Be Dangerous」。由於這行的內容太長，無法在此完整顯示，所以我們開啟自動換行，如圖 11.6 所示，換行後的結果如圖 11.7 所示。

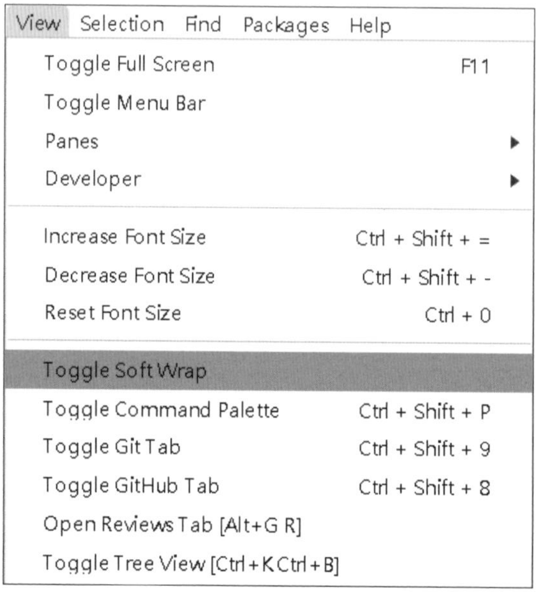

圖 11.6：在 Atom 中開啟自動換行（軟換行）

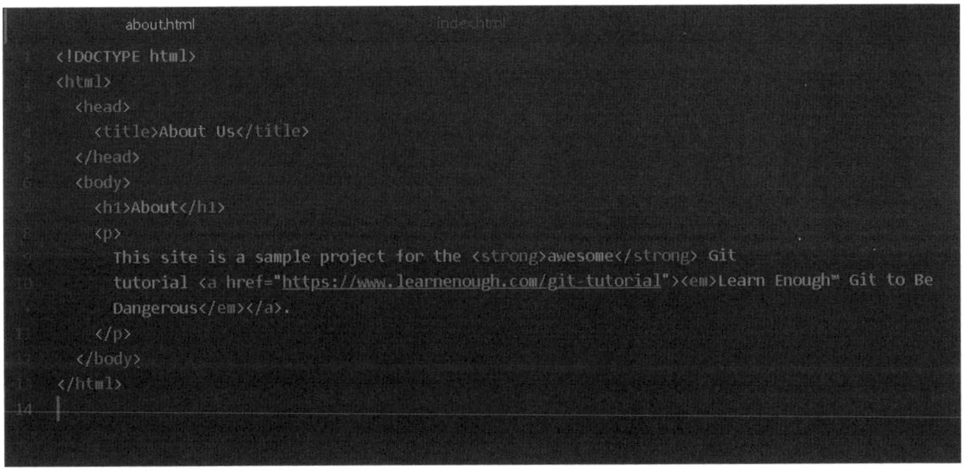

```
            about.html                    index.html
  1  <!DOCTYPE html>
  2  <html>
  3    <head>
  4      <title>About Us</title>
  5    </head>
  6    <body>
  7      <h1>About</h1>
  8      <p>
  9        This site is a sample project for the <strong>awesome</strong> Git
 10        tutorial <a href="https://www.learnenough.com/git-tutorial"><em>Learn Enough™ Git to Be
       Dangerous</em></a>.
 11      </p>
 12    </body>
 13  </html>
 14  |
```

圖 11.7：啟用換行的 about-page

如果我們查看顯示差異的 **git diff**，我們可以看到換行的內容 (圖 11.8)，
在瀏覽器中的呈現方式如圖 11.9 所示。

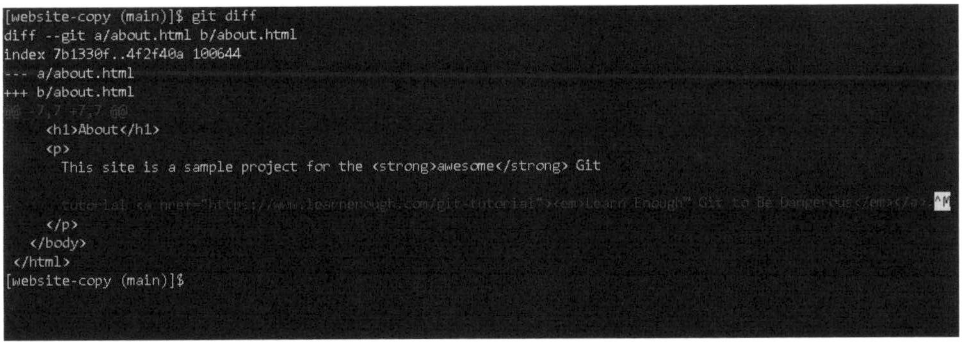

```
[website-copy (main)]$ git diff
diff --git a/about.html b/about.html
index 7b1330f..4f2f40a 100644
--- a/about.html
+++ b/about.html
@@ -7,7 +7,7 @@
     <h1>About</h1>
     <p>
       This site is a sample project for the <strong>awesome</strong> Git
-      tutorial <a href="https://www.learnenough.com/git-tutorial"><em>Learn Enough™ Git to Be Dangerous</em></a>.^M
     </p>
   </body>
 </html>
[website-copy (main)]$
```

圖 11.8：有換行的 diff

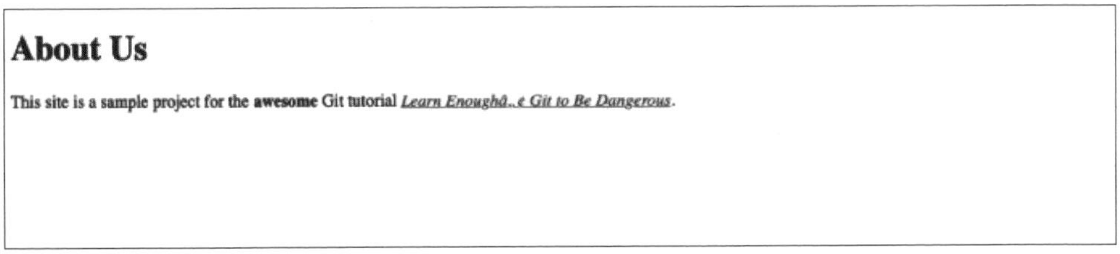

About Us

This site is a sample project for the **awesome** Git tutorial *Learn Enough™, e Git to Be Dangerous.*

圖 11.9：在 about-page 中加入 Git 教學連結的標題

增加了連結後，Bob 可以提交他的修改並 push 到遠端的儲存庫：

```
[website-copy (main)]$ git commit -am "Add link to tutorial title"
[website-copy (main)]$ git push
```

在此階段，Bob 可能會通知 Alice 有新的變更等待她確認，或者 Alice 本身就會定期檢查是否有新的更新。無論哪種情況，Alice 都可以透過執行 **git pull** 來從遠端取得這些變更。我建議你在終端機視窗中開啟一個新的分頁，並切換至 Alice 的目錄 (如圖 11.10 所示)，然後按照以下步驟進行 pull 動作：

```
[~ (main)]$ cd ~/repos/website
[website (main)]$
```

圖 11.10：使用新的終端機視窗來操作原始目錄

```
[website (main)]$ git pull
remote: Enumerating objects: 5, done.
remote: Counting objects: 100% (5/5), done.
remote: Compressing objects: 100% (1/1), done.
remote: Total 3 (delta 2), reused 3 (delta 2), pack-reused 0
Unpacking objects: 100% (3/3), 336 bytes | 168.00 KiB/s, done.
From https://github.com/mhartl/website
   cad4761..9a9cecf  main        -> origin/main
Updating cad4761..9a9cecf
Fast-forward
 about.html | 2 +-                           ┐ 取得之前 Bob 修改的內容
 1 file changed, 1 insertion(+), 1 deletion(-) ┘
```

如此，Alice 的專案應該已獲得 Bob 的提交內容，她的 about-page 內容應該和圖 11.9 展示的完全相同 (確認 Bob 的提交內容是否已在記錄中，則留作練習)。

11.1.1 練習

1. 以 Alice 的身分，執行 **git log** 來確認提交是否已正確 pull。再用 **git log -p** 仔細檢查細節。

2. 在範例 10.1 (圖 10.1) 中新增的鯨魚圖片需要根據創用 CC 姓名標示 - 禁止改作 2.0 共享協議提供版權聲明 (the Creative Commons Attribution-NoDerivs 2.0 Generic license)。以 Alice 的身分，你得將這張圖片連結至原版權聲明頁面，操作方式如範例 11.1 所示。完成後，確定提交變更並 push 至 GitHub。

3. 以 Bob 的身分，pull 前一個練習中的變更。透過重新整理瀏覽器，並執行 **git log -p** 來驗證 Bob 的儲存庫是否已經被正確更新。

範例 11.1：連結至鯨魚圖像版權頁面
~/repos/website/index.html

```
     .
     .
     .
<a href="https://www.flickr.com/photos/28883788@N04/10097824543">
  <img src="images/breaching_whale.jpg">
</a>
     .
     .
     .
```

11.2 抓取 (pull) 和合併衝突

在第 11.1 節中，當 Bob 正在提交他的變更時，Alice 並沒有進行任何更動，因此沒有產生衝突的可能，並不是每次都會這麼順利。特別是當兩位協同者編輯同一個檔案時，他們的變更可能會難以協調 (例如：改了同一地方要以誰的為主)。Git 在合併變更方面表現相當亮眼，發生衝突的情況相當罕見，萬一發生了，如何妥善處理就非常重要。本節將依序討論非衝突變更和衝突變更的處理方式。

11.2.1 非衝突的變更

我們將以 Alice 和 Bob 在同一個檔案中做出不衝突的變更來開始。假設 Alice 決定將 about-page 的大標題從 About 更改為 About US，如範例 11.2 所示。

範例 11.2：Alice 對 about-page 的 h1 標籤所做的變更
~/repos/website/about.html

```
<!DOCTYPE html>
<html>
    .
    .
    .
    <h1>About Us</h1>
    .
    .
    .
  </body>
</html>
```

修改完後，Alice 像往常一樣執行提交並 push：

```
[website (main)]$ git commit -am "Change page heading"
[website (main)]$ git push
```

與此同時，Bob 決定要在 about-page 上增加一張新的圖片（圖 11.11）
註4。他首先使用 **curl** 命令來下載圖片，如下所示：

圖 11.11：Bob 要增加至 about-page 的圖片

註4. 圖片由 Vaclav Sebek/Shutterstock 提供。

```
[website-copy (main)]$ curl -o images/polar_bear.jpg \
>                       -L https://cdn.learnenough.com/polar_bear.jpg
```

⚡
\TIP/ 　如第 10.1 節所述，反斜線符號 \ 要照著輸入，角括號 > 則不需要輸入。

　　接下來 Bob 使用 **img** 標籤將其添加到 **about.html** 中，如範例 11.3 所示，結果如圖 11.12 所示。

About Us

This site is a sample project for the **awesome** Git tutorial *Learn Enoughâ,,¢ Git to Be Dangerous*.

圖 11.12：新增圖片後的 about-page

範例 11.3：在 about-page 加入圖片

~/tmp/website-copy/about.html

```
<!DOCTYPE html>
<html>
    .
    .
    .
    <img src="images/polar_bear.jpg" alt="Polar bear">
  </body>
</html>
```

請注意在範例 11.3 中，Bob 在圖片標籤裡包含了一個 **alt** 屬性，這是圖片的替代文字。根據 HTML5 的標準，必須包含這項 **alt** 屬性。由於網頁爬蟲或視障者使用的螢幕閱讀器，都會依賴這個屬性來理解圖片內容，因此請務必記得輸入。在做完他的修改之後，Bob 像平時一樣提交了變更：

```
[website-copy (main)]$ git add -A
[website-copy (main)]$ git commit -m "Add an image"
```

然而，當他試著執行 push 時，發生了一個意外情況，如範例 11.4 所示。

範例 11.4：Bob 的 push 被拒絕

```
[website-copy (main)]$ git push
To https://github.com/mhartl/website.git
 ! [rejected]        main -> main (fetch first)
error: failed to push some refs to 'https://github.com/mhartl/website.
git'
hint: Updates were rejected because the remote contains work that you do
hint: not have locally. This is usually caused by another repository
pushing
hint: to the same ref. You may want to first integrate the remote changes
hint: (e.g., 'git pull ...') before pushing again.
hint: See the 'Note about fast-forwards' in 'git push --help' for
details.
```

　　由於 Alice 已經 push 了變更，Git 不允許 Bob 進行 push：如範例 11.4 中第 1 個框起來那行所示，GitHub 拒絕了這次 push。而如第 2 個框起來那行所示，解決此問題的方法是讓 Bob 執行 **git pull** 的動作：

```
[website-copy (main)]$ git pull
```

　　雖然 Alice 對 **about.html** 進行了修改，但由於 Git 會想辦法整合不同的 diff，因此沒有產生衝突。具體來說，**git pull** 會將遠端儲存庫的變更拉進來，然後使用 **merge** 來自動合併它們，並讓 Bob 可以在預設的編輯器中 (大多數系統上是 Vim，圖 11.13) 添加提交訊息。這是我們在前面要先講 Vim 基本操作 (範例 5.1) 其中的一個理由。最後只需使用 **:q** 退出 Vim，即可 merge 成功。

> **★ 小編補充** 如果 merge 沒有自動合併，可以使用下面的程式碼手動執行。
>
> ```
> [website-copy (main)]$ git merge
> ```

```
Merge branch 'main' of https://github.com/mhartl/website
# Please enter a commit message to explain why this merge is necessary,
# especially if it merges an updated upstream into a topic branch.
#
# Lines starting with '#' will be ignored, and an empty message aborts
# the commit.




"~/tmp/website-copy/.git/MERGE_MSG" 6L, 283C
```

圖 11.13：執行 **git pull** 時，會開啟預設編輯器來輸入要合併的提交訊息

我們可以透過檢查日誌來確認這項操作是否成功，日誌裡頭會顯示合併的提交，以及 Alice 在原版上的提交 (範例 11.5)。

範例 11.5：Bob 合併 Alice 更動後的 Git 紀錄 (畫面的一些細節可能會有所不同。)

```
[website-copy (main)]$ git log
commit 679afb8771b1893a865c3775a2786390a936db26 (HEAD -> main)
Merge: 7a69702 baafb1b
Author: Michael Hartl <michael@michaelhartl.com>
Date:   Thu Apr 1 12:28:00 2021 -0700
```

接下頁

```
    Merge branch 'main' of https://github.com/mhartl/website ┐
                                                              │ 提交 Bob
commit 7a6970229233346ce10cfefb3ace91b1d37c4cb2              ├ 的修改並
Author: Michael Hartl <michael@michaelhartl.com>             │ 合併分支
Date:    Thu Apr 1 12:26:26 2021 -0700                       │
                                                             │
    Add an image ────────────────────────────────────────────┘

commit baafb1bd473d553f1532267edfbbf09faf813bf2 (origin/main, origin/HEAD) ┐
Author: Michael Hartl <michael@michaelhartl.com>                           │
Date:    Thu Apr 1 12:25:18 2021 -0700                                     │
                                                                           │
    Change page heading ───────────────────────────────────────────────────┘

                                          先取得 Alice 之前的提交 ───────────┘
```

如果 Bob 再次執行 push 一次，應該能夠正常進行：

```
$ git push
```

這讓 Bob 的更動 push 至遠端儲存庫，也就是說，Alice 可以 pull 取得
這些變更：

```
$ git pull
```

Alice 可以通過檢查 Git 紀錄來確認她的儲存庫現在已包含 Bob 的更
改，結果應該與範例 11.5 一致。Alice 可以刷新瀏覽器來查看 Bob 增加的
新圖片 (圖 11.14)。

11.2.2　衝突的變更

　　儘管 Git 的合併演算法經常能夠解決不同協同者之間的修改整合問題，但有時候仍然會發生衝突。例如，假設 Alice 和 Bob 都發現在範例 10.1 中的鯨魚影像缺少了必要的 **alt** 屬性，並決定要自己來更正這個問題。

About Us

This site is a sample project for the **awesome** Git tutorial *Learn Enough*... *to Git to Be Dangerous*.

圖 11.14：確認 Alice 的 repo 已包含 Bob 所新增的圖片

　　首先，Alice 在程式碼中添加了 **alt** 屬性，並指定為「Breaching whale」(範例 11.6)。

範例 11.6：Alice 的圖片 alt 屬性

~/repos/website/index.html

```
<!DOCTYPE html>
<html>
    .
    .
    .
    <a href="https://www.flickr.com/photos/28883788@N04/10097824543">
      <img src="images/breaching_whale.jpg" alt="Breaching whale">
    </a>
  </body>
</html>
```

Alice 接著提交並 push 修改內容 [註5]：

```
[website (main)]$ git commit -am "Add necessary image alt"
[website (main)]$ git push
```

範例 11.7：Bob 的圖片 alt 屬性

~/tmp/website-copy/index.html

```
<!DOCTYPE html>
<html>
    .
    .
    .
```

接下頁

註5. 範例 11.6 與範例 11.7 包含了在第 11.1.1 節練習中添加的屬性連結。

```
       <a href="https://www.flickr.com/photos/28883788@N04/10097824543">
         <img src="images/breaching_whale.jpg" alt="Whale">
       </a>
    </body>
</html>
```

與此同時，Bob 也加入了他自己的 alt 屬性，另行指定為「Whale」(範例 11.7)，並提交了他的修改：

```
[website-copy (main)]$ git commit -am "Add an alt attribute"
```

如果 Bob 試圖執行 push，他將會看到如範例 11.4 所示的相同拒絕訊息，按照之前的作法，接著他應該執行 pull。但這是有風險的：

```
[website-copy (main)]$ git pull

remote: Enumerating objects: 5, done.
remote: Counting objects: 100% (5/5), done.
remote: Compressing objects: 100% (1/1), done.
remote: Total 3 (delta 2), reused 3 (delta 2), pack-reused 0
Unpacking objects: 100% (3/3), 415 bytes | 207.00 KiB/s, done.
From https://github.com/mhartl/website
   679afb8..81c190a  main          -> origin/main
Auto-merging index.html
CONFLICT (content): Merge conflict in index.html
Automatic merge failed; fix conflicts and then commit the result.
[website-copy (main|MERGING)]$ ← 提示字元顯示 main|MERGING
                                  這種特殊的分支狀態
```

如上頁下面框起來那 2 行所示，Git 已經偵測到 Bob 執行 pull 所引發的合併衝突，而他的工作複本已經處於 **main | MERGING** 的特殊分支狀態。

Bob 可以透過他的文字編輯器查看 **index.html** 來解決衝突，如同圖 11.15 所示。假設 Bob 也接受 Alice 更為詳細的 **alt** 屬性，他可以透過保留 **alt="Breaching whale"** 這一行，並刪除其他所有內容以解決衝突，就如同圖 11.16 所示。事實上，從圖 11.15 我們可以看出，Atom 提供兩個「Use me」按鈕，方便使用者選取其中一個選項。點擊下方第 2 個「Use me」按鈕會產生與圖 11.16 相同的結果。

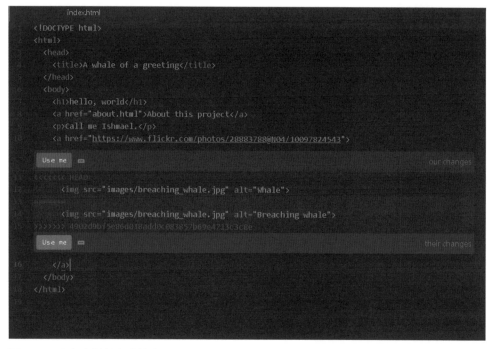

圖 **11.15**：具有合併衝突的檔案

```
                index.html                          about.html
1   <!DOCTYPE html>
2   <html>
3     <head>
4       <title>A whale of a greeting</title>
5       <<meta charset="utf-8">
6     </head>
7     <body>
8       <h1>hello, world</h1>
9       <a href="about.html">About this project</a>
10      <p>Call me Ishmael.</p>
11      <a href="https://www.flickr.com/photos/28883788@N04/10097824543">
12        <img src="images/breaching_whale.jpg" alt="breaching_whale">
13      </a>
14    </body>
15  </html>
16    |
```

圖 11.16：編輯過的 HTML 檔，移除了合併衝突

在解決衝突之後，Bob 可以再次提交他的變更，這樣提示字元就會回到**主要分支 main**。然後就可以準備進行 push 了：

```
[website-copy (main|MERGING)]$ git commit -am "Use longer alt attribute"
[website-copy (main)]$ git push
```

雖然 Alice 和 Bob 的儲存庫現在有相同的內容，但 Alice 還是需要 pull 取得 Bob 的合併提交，以保持一致性：

```
[website (main)]$ git pull
```

由於存在衝突的可能性，如果有多個協同者在同一專案上工作（甚至是同一個人在不同的機器上進行編輯），在做任何變更之前先執行 **git pull** 是比較聰明的做法。即使這樣，只要時間拉長，一些衝突仍然不可避免。但有了本節中的技巧，你現在已經有能力處理這些衝突。

11.2.3　練習

1. 將你的預設 Git 編輯器由 Vim 更改為 Atom。提示：嘗試在 Google 上搜尋看看，只要透過精準的關鍵字，就可以瞬間完成它。

2. 在範例 11.3 中新增的北極熊圖片（圖 11.11）需要根據創用 CC 姓名標示 2.0 通用版權條款提供來源資訊。以 Alice 的身分，將此圖片連結至原作者的授權頁面，如範例 11.8 所示。然後，執行 **git commit -a** 命令，但是不加上 **-m** 及訊息。這樣應該會讓你進入 Git 的預設編輯器介面。在編輯器中，不加入任何訊息就退出，以取消這次的提交。

3. 再次執行 **git commit -a**，但這次在 commit 的訊息裡加入「Add polar bear attribution link（增加北極熊版權連結）」。然後可以自己再多輸入幾行較長的訊息（內容可以參考圖 11.17)。儲存這個訊息後，離開編輯器。

4. 執行 **git log** 以確認短訊息和長訊息都已正確紀錄。將變更 push 至 GitHub 後，到提交的頁面確認 2 種訊息是否正確顯示。

5. 以 Bob 的身分，pull 取得 about-page 的變更。透過重新整理瀏覽器並執行 **git log -p** 來確認 Bob 的儲存庫是否已經被正確地更新。

```
COMMIT_EDITMSG          x

1    Add polar bear attribution link
2
3    The polar bear image requires attribution under the terms of the
4    Creative Commons Attribution 2.0 Generic license. This commit adds a
5    link to the original attribution page at Flickr.
6    # Please enter the commit message for your changes. Lines starting
7    # with '#' will be ignored, and an empty message aborts the commit.
8    # On branch master
9    # Your branch is up-to-date with 'origin/master'.
10   #
11   # Changes to be committed:
12   #    modified:    about.html
13   #
14
```

圖 11.17：在文字編輯器中增加較長的訊息

範例 11.8：連結至北極熊圖片版權頁面的程式碼。

~/repos/website/about.html

```
    .
    .
    .
<a href="https://www.flickr.com/photos/puliarfanita/22959238329">
  <img src="images/polar_bear.jpg" alt="Polar bear">
</a>
    .
    .
    .
```

11.3 傳送分支

在這一節中，我們將運用新學到的協同技巧，讓 Alice 請求 Bob 進行一項程式錯誤修正，Bob 修復後再與 Alice 分享結果。在這個過程中，我們將學習如何在**非主要分支**上進行合作，同時也解決第 10.3 節可能遇到的問題。

回想一下第 10.3 節，我們曾經提到在 about-page (圖 10.7) 的商標符號 ™ 出現了問題。Alice 認為解決這個問題可能需要在網站頁面的 HTML 模板中加入一些標記，但她要去下午茶聚會 (圖 11.18) [註6]，所以她只來得及加入幾個 HTML 註解，請 Bob 幫忙完成修正，如範例 11.9 以及範例 11.10 所示。

圖 11.18：Alice 要去喝下午茶，因此請 Bob 修復網站

註6.《愛麗絲夢遊仙境》以約翰·坦尼爾的原創插畫為基礎。圖片來源：The History Collection / Alamy Stock Photo。

範例 11.9：針對 ™ 問題的暫時解決方法範例

~/repos/website/about.html

```
<!DOCTYPE html>
<html>
  <head>
    <title>About Us</title>
    <!-- Add something here to fix trademark -->
  </head>
  .
  .
  .
</html>
```

範例 11.10：在 index 頁面增加 ™ 修正的操作

~/repos/website/index.html

```
<!DOCTYPE html>
<html>
  <head>
    <title>A whale of a greeting</title>
    <!-- Add something here to fix trademark -->
  </head>
  .
  .
  .
</html>
```

請注意，Alice 建議 Bob 也應修正 index 頁面 (範例 11.10)，即使現在的錯誤僅發生在 About 的頁面。但這麼做的好處是，未來若有需要加入 ™ 或類似的符號在 **index.html** 上，就不會出現相同的問題。在第 10.3 節的部分我們有提到，需要在多個地方進行類似更改既麻煩又容易出錯，正確的解決方案是使用模板。

Alice 決定按照慣例，為這次的修正錯誤建立一個獨立的分支，她將其命名為 **fix-trademark**：

```
[website (main)]$ git checkout -b fix-trademark
[website (fix-trademark)]$
```

　　這顯示了一個重要的原則：只要那些變更尚未被提交，就可以在建立新分支之前對工作目錄進行修改，如同在範例 11.9 和 11.10 中新增的內容一樣。

　　在建立了修正用的分支後，Alice 可以使用 **git push** 命令，提交變更並且上傳 fix-trademark 分支：

```
[website (fix-trademark)]$ git commit -am "Add placeholders for the TM fix"
[website (fix-trademark)]$ git push -u origin fix-trademark
```

　　在這裡，Alice 使用了跟在範例 9.1 中相同的 **push** 語法傳送到 GitHub，只不過這次把 **main** 換成了 **fix-trademark**。

　　如果 Alice 在去下午茶之前通知了 Bob，那麼 Bob 就會知道他需要執行一次 **git pull** 來取得 Alice 更新的內容：

```
[website-copy (main)]$ git pull

remote: Enumerating objects: 7, done.
remote: Counting objects: 100% (7/7), done.
remote: Compressing objects: 100% (1/1), done.
remote: Total 4 (delta 3), reused 4 (delta 3), pack-reused 0
Unpacking objects: 100% (4/4), 444 bytes | 148.00 KiB/s, done.
From https://github.com/mhartl/website
 * [new branch]      fix-trademark -> origin/fix-trademark

Already up to date.
```

Bob 試圖在他的本地工作目錄中找到 Alice 建立並 push 的 **fix-trademark** 分支，卻發現找不到：

```
[website-copy (main)]$ git branch
* main
```

原因在於這個分支與**遠端來源 (origin)** 相關，預設狀態下並不會顯示這類分支。若要查看，Bob 可以使用 **-a** 選項 (代表 all) 來查看 [註7]：

```
[website-copy (main)]$ git branch -a
* main
  remotes/origin/HEAD -> origin/main
```
接下頁

註7. 實際上，使用 **git branch --all** 命令也是可以的，但在命令列使用 Git 的時候，我們更常使用簡寫的方式。

```
remotes/origin/fix-trademark

remotes/origin/main
```

⚡ 當你複製一個儲存庫時，Git自動將這個遠端儲存庫命名為 origin，並追蹤它與你本地儲
\TIP/ 存庫之間的關聯。

　　為了在他的本地複本上開始進行 **fix-trademark** 的工作，Bob 需要先
checkout，讓 Git 從遠端儲存庫取得內容，並在本地創建一個對應的分支。
藉由使用相同的名稱 (也就是 **fix-trademark**)，讓該分支與 GitHub 遠端分
支對應，這樣 Bob 只要執行 **git push** 就會自動傳送變更，不需要指定具體
的遠端分支名稱：

```
[website-copy (main)]$ git checkout fix-trademark
Branch fix-trademark set up to track remote branch fix-trademark from
origin.
Switched to a new branch 'fix-trademark'
[website-copy (fix-trademark)]$
```

　　在這個階段，Bob 可以使用 **diff** 命令來與**主要分支 main** 進行對比，檢
視待處理的內容：

```
[website-copy (fix-trademark)]$ git diff main
diff --git a/about.html b/about.html
index 173e5fe..4d4b780 100644
--- a/about.html
+++ b/about.html
@@ -2,6 +2,7 @@
 <html>
  <head>
    <title>About Us</title>
+    <!-- Add something here to fix trademark -->
```
接下頁

```
   </head>
   <body>
     <h1>About Us</h1>
diff --git a/index.html b/index.html
index 024ada5..d8e946f 100644
--- a/index.html
+++ b/index.html
@@ -2,6 +2,7 @@
 <html>
   <head>
     <title>A whale of a greeting</title>
+    <!-- Add something here to fix trademark -->
   </head>
   <body>
     <h1>hello, world</h1>
```

現在，Bob 可以準備實際修復 Alice 標註出錯的地方了 (上圖框起來的
地方)。

⚡ 如果你想挑戰自己的技術成熟度，試著先用 Google 去搜尋問題的所在，並思考你該如
\TIP/ 何修復它。

由於這個網頁沒有適當的字元編碼來顯示像 ™、® 或 $\mathcal{L}$ 這種非 ASCII
字元。解決方法是要在 HTML 中使用一個叫做 **meta** 的標籤，告訴瀏覽器要
改成使用 UTF-8 編碼，從而使網頁能夠顯示 Unicode 的任何內容。修改結
果如範例 11.11 和範例 11.12 中顯示。

範例 11.11：™ 問題的修復方案
~/tmp/website-copy/about.html

```
<!DOCTYPE html>
<html>
  <head>
    <title>About Us</title>
```

接下頁

```
    <meta charset="utf-8">
  </head>
    .
    .
    .
</html>
```

範例 11.12：在 index.html 修正 ™ 顯示問題

~/tmp/website-copy/index.html

```
<!DOCTYPE html>
<html>
  <head>
    <title>A whale of a greeting</title>
    <meta charset="utf-8">
  </head>
    .
    .
    .
</html>
```

　　就如同我們在第 10.1 節介紹的 **img** 標籤，**meta** 同樣是空元素、沒有結尾的標籤。在做出更改後，Bob 可以在瀏覽器中重新載入頁面來確認問題是否已修復，如圖 11.19 所示。

圖 **11.19**：確認 ™ 符號運作正常

確認解決方案是正確的後，Bob 現在可以進行提交，並將變更 push 到遠端伺服器：

```
[website-copy (fix-trademark)]$ git commit -am "Fix trademark character
display"
[website-copy (fix-trademark)]$ git push
```

於是，Bob 通知 Alice，表示修正程式碼已經 push 完成，可以休息放空了 (圖 11.20) [8]。

圖 11.20：Bob 因工作表現優異獲得的獎賞

註8. 圖片由 Maxim Safronov/Shutterstock 提供。

Alice 收到了 Bob 的訊息，從下午茶回來後。她開始 pull 他所修正的程式：

```
[website (fix-trademark)]$ git pull
```

Alice 重新整理瀏覽器，確認 ™ 字元能正確顯示 (圖 11.21)，然後將這些修改合併進**主要分支 main**：

圖 **11.21**：在進行合併之前，再次確認 ™ 的狀況

```
[website (fix-trademark)]$ git checkout main
[website (main)]$ git merge fix-trademark
[website (main)]$ git push
```

在最後的 **git push** 操作後，Alice 確保了 GitHub 上的遠端**主要分支** **main** 也被更新了 (同步 Bob 的**主要分支** **main** 則留作練習 (第 11.3.1 節))。當然，**git push** 只是將變更發布到遠端的 Git 儲存庫。如果能夠直接在線上驗證 ™ 和整個網站的顯示效果，是不是更好呢？

11.3.1　練習

1. 目前 Bob 的**主要分支** **main** 並未包含 Alice 的合併內容，所以首先需要以 Bob 的身份切換到主要分支 main ，然後執行 **git pull**。透過 **git log** 檢查是否已經成功將 Alice 的合併提交包含在內。

2. 在本地刪除 **fix-trademark** 分支。你需要使用 **-D** (第 10.3.2 節)，還是 **-d** 就足夠了？

3. 在 GitHub 上刪除遠端的 **fix-trademark** 分支。提示：如果你遇到困難，不妨到 Google 尋找解答。

11.4 GitHub Pages 的另一用途

如同上一節最後所述，能夠直接在網頁上確認特殊字元或符號是否正常運作會很方便。不過，這需要你知道怎麼將實際的網站部署到網路上，看起來這好像超出了 Git 的應用範圍，但令人驚訝的是其實並沒有。原因在於 GitHub 提供了一項稱為 GitHub Pages 的免費服務，任何在 GitHub 上含有靜態 HTML 的儲存庫都將自動化地作為一個實體網站。

要使用 GitHub Pages，首先需要確保你的 GitHub 帳號已經通過電子郵件驗證。一旦完成這項動作，接下來只需將儲存庫設定為利用主要分支 main 來啟動 GitHub Pages。這可以透過進入儲存庫的設定 (圖 11.22)，然後選擇 GitHub Pages 的設定 (圖 11.23) 並儲存這些變更 (圖 11.24) 來完成。

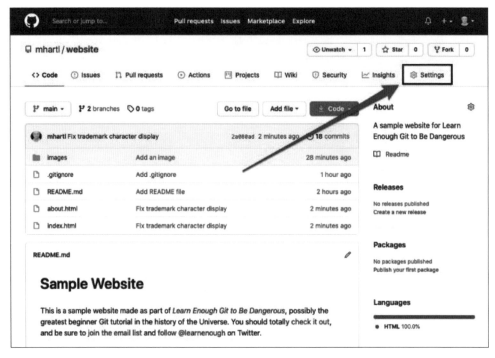

圖 11.22：GitHub 儲存庫的 Settings 項目

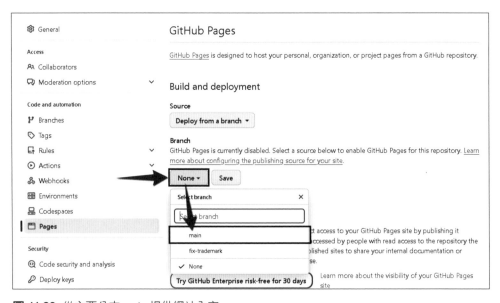

圖 11.23：從主要分支 main 提供網站內容

圖 11.24：儲存新的 GitHub Pages 設定

就這樣！我們的網站現在可以透過 URL 連線訪問了。

```
https://<name>.github.io/website/
```

在這裡，**<name>** 應該填入你的 GitHub 使用者名稱。舉例來說，由於我在 GitHub 的使用者名稱是 **mhartl**，所以我的網站複本的位址就會是 mhartl.github.io/website/，如圖 11.25 所示。

hello, world

About this project

Call me Ishmael.

圖 11.25：GitHub Pages 上架設的正式網站

請注意，**URL https://\<name\>.github.io/website/** 會自動顯示 **index.html**，這是網路上的一般規定：index.html 被視為預設，所以不需要手動設定。但對於其他頁面，例如 about-page，檔案名稱需要在網址中明確指定 (圖 11.26)。如圖 11.27 所示，商標 ™ 在實際的網站上也能正確顯示，這正是我們所期望的。

https://mhartl.github.io/website/about.html

圖 11.26：網址中要明確指定 about.html

圖 11.27：實際運作中的 about-page

　　由於靜態 HTML 頁面在定義上並不會因為瀏覽不同的頁面而改變，因此 GitHub 能夠有效地對它們進行暫存，為後續訪問者提供更快的加載速度。這不僅使 GitHub Pages 的網站快速且節省成本，也是 GitHub 能夠免費提供這項服務的原因之一。此外，GitHub Pages 還可以自定義網域位址，讓你將 <name>.github.io 換成像是 www.example.com 的格式，進一步提升網站的專業度。

11.4.1　練習

1. 在 about-page 上增加一條連結指向 **index.html** 的連結。提交並 push 你的變更，再到網站上確認該連結是否能正常運作。

2. 如同在第 2.3 節所提到的，Unix 中 2 個非常重要的命令是 **mv** 和 **rm**。Git 也提供了這 2 個命令的對應版本，不僅能對本地檔案進行相同的操作，還能夠追蹤這些變更。你可以透過以下的步驟來測試這些命令：先建立一個包含 lorem ipsum 文字的檔案，然後使用 add 將其提交，再透過 **git mv** 命令更改該文件的名稱並再次進行提交，最後使用 **git rm** 命令刪除這個文件，並進行最後一次提交。通過檢視 **git log -p** 的結果，你就能看到 Git 是怎麼記錄和處理這些檔案操作的。

3. 為了練習建立新的 Git 儲存庫，你可以在 **repos** 目錄裡再建立一個名為 **second_website** 的專案。在專案中建立一個內容為 hello, again! 的 **index.html** 檔案，並依照第 8.2 節開始的步驟，將其部署到實際的網路上。

4. 建立一個名為 **secret_project** 的第 3 個祕密專案。在主要的專案目錄中建立名為 **foo**、**bar**、以及 **baz** 的檔案，然後依照步驟初始化儲存庫並提交初步結果。接著，為了練習使用 GitHub 以外的服務，請在 Bitbucket 建立一個免費的私人儲存庫。

11.5 小結

本章重要的命令都整理在表格 11.1 中。

表格 **11.1**：第 10 章的重要命令

檔案/命令	描述	範例
git clone <URL>	將儲存庫 (包含完整歷史紀錄) 複製到本地硬碟	$ git clone https://ex.co/repo.git
git pull	從遠端儲存庫 pull 更新內容	$ git pull
git branch -a	列出所有的分支	$ git branch -a
git checkout 	檢查遠端分支以及進行設定	$ git checkout fixtrademark

11.6 進階設定

本節將提供一些選擇性的進階 Git 設定。主要的功能包含增加別名方便查看分支、在 Unix 提示符號中加入分支名稱，以及啟用分支名稱的 Tab 鍵自動完成功能。如果你已經學完前面 2 篇的內容，應該具備跟隨本節步驟的能力，但這些設定可能會有些棘手，如果你遇到問題，不妨運用你的技術成熟度 (延伸學習 8.2) 來解決。如果你現在先不進行這些步驟，也可以直接前往結論 (第 11.7 節)。

提醒 Mac 使用者：以下的操作步驟是基於你使用的是 Bash，如同在延伸學習 2.3 所述。若你想要透過使用 Z shell 來設置你的 Git 系統，請參見 Learn Enough 部落格文章「Using Z Shell on Macs with the Learn Enough Tutorials」(https://news.learnenough.com/macos-bash-zshell)。

11.6.1 切換別名

在第 8 章裡，我們透過全域設定加入了提交時自動包含姓名和電子郵件地址的功能 (範例 8.3)。現在，我們將要增加第 3 個設定，這是一個 alias，用以簡化分支切換的操作。

在本書中，我們一直使用 **git checkout** 來切換分支 (例如，範例 10.3)，但多數有經驗的 Git 使用者都會設定一個簡短的命令 **git co** [9] 來代替。這可以透過設定 Git alias 來實現，就像第 5.4 節介紹過的 Bash alias 能新增命令到我們的 Bash shell，Git alias 也能讓我們新增命令到 Git 系統。要新增 **co** 作為 checkout 命令的 alias，只需要執行下方範例 11.13 的命令即可。

範例 11.13：為 git co 添加一個 alias

```
$ git config --global alias.co checkout
```

註9. 會將 checkout 簡化成 co，主要是受到了 Git 的前身：Subversion 所使用的類似命令 **svn co** 影響。

生效之後，等同幫 Git 新增了一個名為 **co** 的新命令，執行範例 11.13 後，我們可以把原本像 **checkout** 這樣的命令：

```
$ git checkout main
```

變成更簡潔的 **co** 命令，如下：

```
$ git co main
```

本書是為初學者量身打造，因此都使用完整的 **checkout** 命令。但未來實際運用時，使用 **git co** 可以大大提高工作效率。

11.6.2 Prompt 分支與 Tab 鍵自動完成

在這一節中，我們將添加 2 個強大的自訂功能。首先，我們會設定命令列提示字元顯示當前所在分支的名稱。其次，我們將啟用 Tab 鍵自動完成 Git 分支名稱的功能 (範例 2.4)，這是在處理較長的分支名稱時相當方便的功能。這 2 個功能都是 Git 原始碼發行版本隨附的 shell script，可以按照圖 11.14 中所示下載。

範例 11.14：下載用於分支顯示和標籤自動完成的 shell script

```
$ curl -o ~/.git-prompt.sh -L https://cdn.learnenough.com/git-prompt.sh
$ curl -o ~/.git-completion.bash \
>       -L https://cdn.learnenough.com/git-completion.bash
```

使用 **-o** 來下載檔案並將其作為隱藏檔案儲存至主目錄 ~ 中，是一種將文件保持隱蔽的有效方式，其中文件名前的點 . 意味著這些檔案在目錄列表中不會顯示 (第 2.2.1 節)。

在下載了如範例 11.14 中的 script 後，為了讓它們在系統中能夠被執行，需要將這些 script 轉換為可執行的模式，這可以透過使用 **chmod** 命令 (第 7.3 節) 來完成：

```
$ chmod +x ~/.git-prompt.sh
$ chmod +x ~/.git-completion.bash
```

接著，我們需要讓 shell 識別這些新命令，因此請在你使用的編輯器中開啟 Bash 的設定檔案，然後，將範例 11.15 所示的設定內容，加到檔案的底部。此外，所有以 **PS1** 開頭的命令都整行刪掉，特別是當你已經按照範例 6.6 的示範修改了 **.bashrc**。

範例 11.15：將 Git 設定加入到 Bash

~/.bashrc

```
.
.
.
# Git configuration
# Branch name in prompt
source ~/.git-prompt.sh
PS1='[\W$(__git_ps1 " (%s)")]\$ '
export PROMPT_COMMAND='echo -ne "\033]0;${PWD/#$HOME/~}\007"'
# Tab completion for branch names
source ~/.git-completion.bash
```

在範例 11.15 中垂直的點點表示省略的部分，這表示不是所有的程式碼都需要直接被複製到設定檔案中。這正是你可以利用你的技術成熟度來判斷的地方 (延伸學習 8.2)。附帶一提，我其實對範例 11.15 中絕大部分程式碼並不了解，擁有技術成熟度意味著，即使面對不完全熟悉的程式碼，你也能夠讓它們有效運作 (圖 11.28 [註10])。這包括從網上找到的程式碼片段，通過閱讀檔案、上網搜尋，並進行適當的修改和調整，最終達到期望的效果。

註10. 圖片來源：Adam Frank/Shutterstock。

I DON'T HAVE A CLUE
WHAT I'M DOING

圖 11.28：沒關係，其他人也都搞不清楚

當我們完成編輯 **.bashrc** 並儲存變更後，我們要讓這些變更生效需要執行 source (如範例 5.5 所示)：

```
$ source ~/.bashrc
```

到了這裡，當你處於 Git 儲存庫的預設**主要分支** main 時，命令行提示符號應該會顯示當前分支的名稱：

```
[website (main)]$
```

如果你從第 8.1 節跳過來完成這一節，那你就得等到第 8.2 節才能看到這個效果。至於檢查 Tab 鍵自動完成功能是否正常運作，則是留作練習 (第 11.6.3 節)。

11.6.3 練習

1. 使用 **git co -b** 建立一個名為 **really-long-branch-name** 的分支。

2. 切換回**主要分支** main（可使用 **git co** 命令）。

3. 透過在命令列提示符號下輸入 **git checkout r ↹**，自動切換到名為 **really-long-branch-name** 的分支。

4. 你的提示符號看起來如何？請確認提示符號中出現的分支名稱是否正確。

5. 利用 **git co m ↹** 命令來切換到**主要分支** main。（這會顯示出在範例 11.13 中設置的 **co** 別名，代表 Tab 鍵自動完成功能是可以運作的。）現在的提示訊息長怎樣呢？

6. 請使用 **git branch -d r ↹** 命令來刪除 **really-long-branch-name** 的分支，以此來確認 Tab 鍵自動完成不只在 **git checkout** 能用，在 **git branch** 上也一樣可以。實際上，許多的 Git 命令都支援 Tab 鍵自動完成相關的操作。

11.7 總結

恭喜！你現在所學到的 Git 知識已經能夠有效率地使用這個強大的版本控制系統。也就是說，結合第 1 篇和第 2 篇的內容，你對於開發者工具的知識已經相當豐富了。

記住，學習永遠沒有終點。隨著你繼續在技術領域探索和成長，你將不斷提升使用 Git 的技巧。而透過本書，你已經有了良好的開端。現階段，你應該以你所擁有的知識為基礎，適時施用你的技術成熟度（延伸學習 8.2）。一旦你累積了更多的實戰經驗，我建議你尋找其他學習資源。

同時，你已具備與全球數百萬軟體開發人員合作的能力，並且也在成為一位開發人員的道路上前進。無論你最終的目標是什麼，持續提升你的開發技能將為你帶來無限的可能性。祝你在未來的開發旅程中好運！

Appendix

開發環境建置

對於所有有志於程式開發，或是從事其他 IT 工作的人來說，都要懂得將電腦建置成所需的開發環境，讓它能適合開發網站、網路應用程式和其他軟體。

這個附錄涵蓋了多種設定開發環境的選擇，適合不同經驗和技術成熟度的讀者。如果你選擇使用第 A.2 節介紹的環境，你只需要基本的電腦知識就可以了。如果你想嘗試第 A.3 節較為挑戰性的設定 (多數 IT 人員都該試著自己做一遍)，需要對 Unix 命令列有基本了解，而且對文字編輯器和系統設定也要有一定的熟悉程度 (看完本書所有章節應該就足夠)。

A.1 開發環境選擇

本附錄著重於安裝或啟用以下 4 個基本的軟體開發工具 (圖 A.1)：

1. 命令列終端 (Shell)

2. 文字編輯器

3. 版本控制 (Git)

4. 程式語言 (Python、Node.js)

當設定開發環境時，我建議 2 種主要的方式，並按照難易度由低到高排列：

1. 雲端整合開發環境 (AWS Cloud9)

2 原生作業系統 (macOS、Linux、Windows)

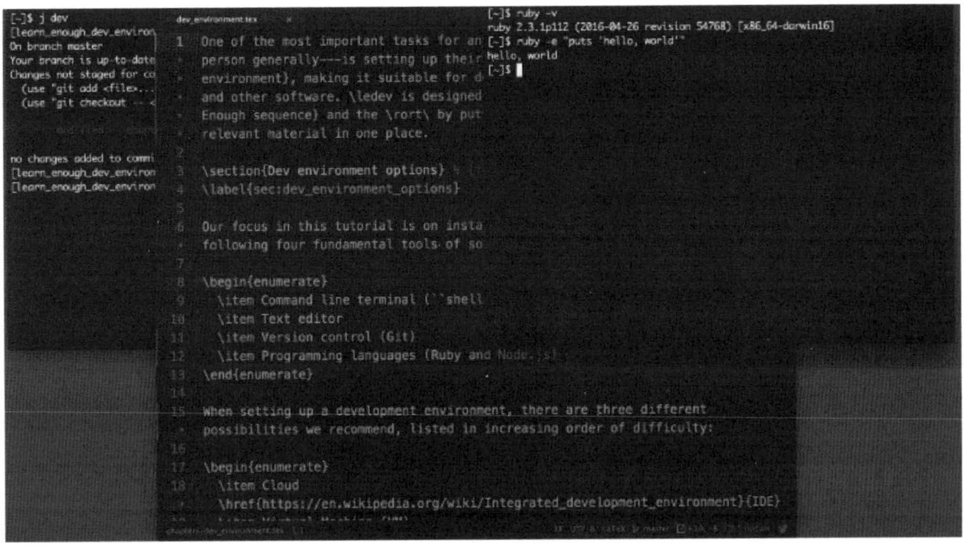

圖 A.1：開發環境中的基本元素

　　如果你還沒有太多經驗，我建議你從雲端的整合開發環境（第 A.2 節）開始，因為它的設定過程相對簡單易懂。

原生系統才是王道

　　雖然當你剛開始學習時，使用雲端開發環境是不錯的選擇，但最終，你應該學會在自己的原生作業系統 (OS) 上開發軟體。然而，設置一個功能完整的原生開發環境可能會遇到許多挑戰和困難。這個過程不僅能讓你展現技術成熟度 (延伸學習 A.1)，也是每個想成為 IT 高手的人必經的過程。為解決這個棘手的挑戰，我將在第 A.3 節討論適用於 macOS、Linux 和 Windows 的原生作業系統設定方法。

技術成熟度是指能夠獨立解決技術問題的能力。這代表在設定開發環境時，如果遇到問題，要知道如何去 Google 錯誤訊息，或者嘗試重新啟動應用程式 (如命令列介面)，看是否能解決問題。

在設定開發環境時可能會遇到各種問題，而這些問題通常沒有標準答案。你只能不斷地運用你的技術成熟度，直到一切都正常運作。如果遇到困難，也不用過度擔心，因為每個人都會經歷這個階段。

A.2 雲端整合開發環境

　　最簡單的開發環境是雲端整合開發環境 (Cloud IDE)，只要透過網路瀏覽器就可以進行程式開發。它很容易設定，而且提供的是工業級的主機，穩定性和效能通常比你的電腦還好，而且只要有一般的網路瀏覽器就可以使用，這表示雲端 IDE 具有跨平臺的功能。

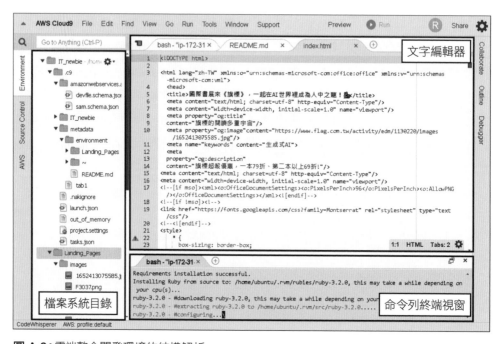

圖 A.2：雲端整合開發環境的結構解析

許多商業服務都有提供雲端 IDE，特別像是 AWS Cloud9 還配備了命令列終端和文字編輯器（包含檔案系統瀏覽器），如圖 A.2 所示。因為每一個 Cloud9 工作區都提供了一個完整的 Linux 系統，所以它也自動包含了 Git 版本控制系統，以及多種程式語言。以下是開始使用雲端開發環境的步驟 [註1]：

由於 Cloud9 是 Amazon Web Services (AWS) 的一部分，如果你已經有 AWS 的帳戶，就可以直接登入 [註2]。如果你還沒有 AWS 帳戶，可以到 AWS Cloud9 網站免費註冊一個。為了避免被濫用，AWS 在註冊時會要求提供有效的信用卡資訊，你可以先使用免費方案，目前免費方案的期限為一年，若只是按照本書説明啟用 Cloud9 編輯器使用，不會超過免費限制，因此不會產生費用。免費期限到期前，請自行決定是否要保留 Cloud9，若未刪除可能會被收取費用，請自行留意。

另外，註冊 AWS 帳號後，要等一段時間才會啟用。

註1. 由於像 AWS 這類的網站持續不斷的在更新，細節可能會有所差異，請運用你的技術成熟度 (延伸學習 A.1) 來解決這種不一致的問題。

註2. https://aws.amazon.com/

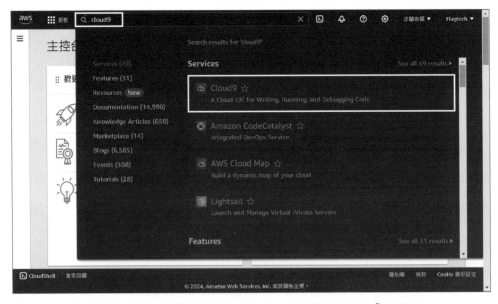

若要建立新的 Cloud9工作區，請前往 AWS 控制台，並在搜尋欄位中輸入「Cloud9」

當你成功進入到 Cloud9 的管理頁面後，點選「建立環境」的選項

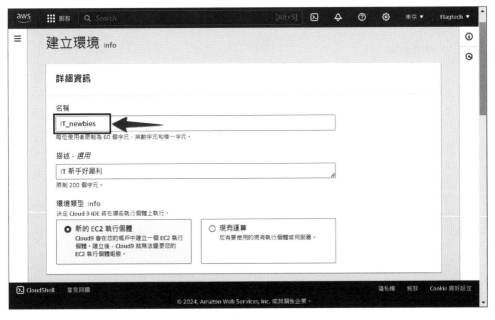

出現如圖所示的頁面後，依照指示輸入相關資訊

然後選擇 **Ubuntu 伺服器**，而不是 Amazon Linux 作為系統

接著持續點擊確認鍵直到 Cloud9 開始設定 IDE

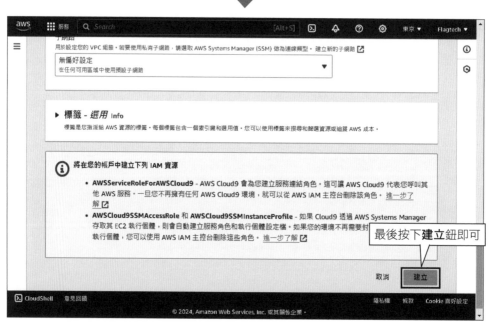

過程中可能會看到一個有關「root」使用者的警告訊息,在初期階段你可以安心忽略。不過如果你想挑戰,可以考慮使用被稱為身分與存取管理 (Identity and Access Management,IAM) 使用者。

剛才建立好的環境

Cloud9 歡迎畫面

最後，請確認你正在使用的是最新版本的 Git (範例 A.1)。

範例 A.1：升級 Git (如有必要)

```
$ git --version
# If the version number isn't greater than2.28.0, run the following
command:
$ source <(curl -sL https://cdn.learnenough.com/upgrade_git)
```

同時要確定使用相容的 Node.js 版本 (https://nodejs.org/en/)：

```
$ nvm install16.13.0
$ node -v
v16.13.0
```

★ 小編補充 檢查 Python 是否有正確安裝，以及查看版本也可以透過命令列執行：

```
$ python  ← 檢查是否有正確安裝
$ python --version  ← 查看版本
```

　　至此，你已經完成所有設定！雖然使用 Cloud9 需要連上網路，但難以找到其他軟體能與其相提並論，提供如此強大的功能並且設定如此簡單的。

A.3　原生作業系統設定

　　如同我在 A.1 節所提的，將你的原生作業系統設定為開發環境是一個重要的步驟，儘管一開始使用雲端 IDE 是個好選擇，但最終仍需勇於挑戰 (圖 A.7)[註3]，將你的原生系統調整至符合你的需求。

註3. 圖片由 Rafael Ben-Ari/Alamy Stock Photo 提供。

圖 A.7： 有時候你必須硬著頭皮去面對難題

第 A.3.1 節將詳述如何將 macOS 進行轉換，打造成一個功能齊全的開發環境，而第 A.3.2 節則是對 Linux 進行相同的說明，最後 A.3.3 節則是 Windows 系統上的建議做法。

A.3.1　macOS

原本被稱為 Mac OS X 的蘋果原生作業系統，現在簡易化為 macOS，它擁有吸引人的圖形使用者介面 (GUI)，並且建立在穩固的 Unix 基礎之上。因此，macOS 成為許多程式開發人員的理想開發環境。

終端和編輯器

雖然 macOS 有內建終端機程式，但我強烈推薦安裝 iTerm（網址：https://iterm2.com/downloads.html)，它提供許多對開發者和技術人員更理想的優化功能。

此外，我建議安裝一款適合程式設計師使用的文字編輯器。市面上有許多優良的選擇，但如果你還沒有特別的偏好，Atom 編輯器 (https://atom.io/) 是個不錯的選擇。

順帶一提，我通常建議使用 Bourne-again shell (Bash) 而非預設的 Z shell，儘管大多數情況下這沒有太大差異。若想將你的 shell 切換成 Bash，請在命令列執行 **chsh -s /bin/bash**，輸入你的密碼並重新啟動終端機程式。若之後有出現任何的警告訊息，你都可以放心忽略，詳細可參閱第 2 章。

Xcode 命令列工具

儘管 macOS 基於 Unix，但它並未預先安裝其他開發所需的的軟體。為了填補這個空缺，macOS 的使用者應該安裝 Xcode。這是蘋果公司建立的一套大型開發工具。

Xcode 以前必須下載超過 4GB 的安裝檔，但幸好蘋果公司最近簡化了 Xcode 的安裝過程，只需要一行簡單的命令列命令即可完成安裝，如同範例 A.2 所示。

範例 A.2：安裝 Xcode 命令列工具

```
$ xcode-select –install
```

Git

Git 版本控制系統的最新版本應該會在你安裝 macOS 的 Xcode 命令列工具時自動安裝。你可以使用 **which** 命令來驗證：

```
$ which git
```

如果執行結果顯示為空白，代表你的電腦尚未安裝 Git，請進行安裝，完成後你應該檢查一下 Git 的版本號碼，確保它至少是 **2.28.0**：

```
$ git --version
git version2.31.1    # 至少要到2.28.0
```

如果版本不夠新，至少要更新到 **2.28.0** 的版本 (　編註　：截至 2024 年 3 月，Git 最新版本為 2.44.0)。

A.3.2　Linux

對於 Linux 用戶，由於 Linux 系統通常內建許多開發工具，包括終端機程式、文字編輯器和 Git，因此在 Linux 上建立開發環境特別容易。除了預設設定之外，我只推薦你進行 2 個主要的步驟：

1. 如果你尚未有偏好的編輯器，請下載並安裝 Atom。

2. 請確認你的 Git 版本至少是 **2.28.0**。

第 2 個步驟可以透過執行以下命令來完成：

```
$ git --version
```

如果出現的版本號碼沒有到 **2.28.0**，請前往 Git 網站 (https://git-scm.com/downloads) 將你的系統更新至最新版本。至此，你應該已經準備就緒了！

A.3.3　Windows

對於 Windows 的使用者，現在終於有能在 Windows 中使用 Unix 命令的方法了。雖然在第 A.2 節中介紹了雲端的開發環境，但通過安裝 Linux 子系統 (WSL) 的效果很不錯。

如今的 Windows 已經內建了一個功能完整的 Linux 核心，可以輕鬆安裝各種不同發行版本的 Linux，你可以搜尋「WSL」應該可以找到不少安裝說明。

⚡ \TIP/ 也可以加入旗標 VIP 會員，取得本書 Bonus，有完整 WSL 的安裝與操作示範。

A.4　總結

如果你已經在第 A.3 節完成了原生作業系統的設定，那麼你的開發環境知識已足夠厲害。並準備好去接受下一個挑戰，祝你好運！